计算机应用基础

李 菲 涂洪涛 张 琪 **编著**

天津大学出版社
TIANJIN UNIVERSITY PRESS

图书在版编目（CIP）数据

计算机应用基础／李菲，涂洪涛，张琪编著. —3
版. —天津：天津大学出版社，2018.8（2019.9重印）
ISBN 978－7－5618－6197－4

Ⅰ.①计… Ⅱ.①李… ②涂… ③张… Ⅲ.①电子计
算机—教材 Ⅳ.①TP3

中国版本图书馆 CIP 数据核字（2018）第 166839 号

出版发行	天津大学出版社	
地　　址	天津市卫津路 2 号天津大学内（邮编：300072）	
电　　话	发行部：022-27403647	
网　　址	publish. tju. edu. cn	
印　　刷	北京虎彩文化传播有限公司	
经　　销	全国各地新华书店	
开　　本	185mm×260mm	
印　　张	17.75	
字　　数	443 千	
版　　次	2018 年 8 月第 1 版	
印　　次	2019 年 9 月第 3 次	
定　　价	38.00 元	

前　言

随着计算机技术的高速发展和普及，计算机已深入当今社会的各个领域，掌握计算机基础知识和使用技能已成为当代大学生的一项基本学习任务。本书全面地介绍了计算机应用的基础知识，主要内容包括：计算机基础、Windows 7 操作系统的使用、文字处理软件 Word 2010 的使用、图表处理软件 Excel 2010 的使用、幻灯片制作软件 PowerPoint 2010 的使用和计算机网络及使用。本书具有以下几个方面的特色。

（1）体例新颖：基于工作过程的教学案例编写体系。

（2）针对性强：本书内容紧扣计算机等级考试（一级）Office 考试大纲编写。

（3）符合认知规律：本书的编写遵循"认识—了解—掌握—应用"的认知规律。

（4）可操作性强：本书中各工作任务都有详细步骤描述，便于教师讲解和学生自学，任务难度适中，具有一定的综合性和实战性。

（5）内容全面：本书不仅包含了一定的计算机理论知识，还增加了一些计算机技术发展最新趋势和应用方面的内容，以开阔学生视野。

本书包含 14 个案例式任务，每个任务将多个知识点与操作技能有机地联系起来，要完成书中的教学案例，必须正确运用所包含的知识点与技能。案例式任务贴近工作任务需求，各任务分为任务描述、任务分析、基本操作等几部分内容。案例教学是依据目标、基于任务的教学，根据目标及任务，要综合思考，一步步予以实现。案例教学有利于培养学生的创新精神与实践能力。

本书在内容的组织安排上尽量做到结构合理、内容翔实、通俗易懂。从实践的角度出发，提供了较为详尽的操作步骤，具有很强的实用性和可操作性。

本书由李菲提出编写思路及拟定编写大纲，由李菲、涂洪涛、张琪共同编著完成，参与编写的还有王路、杨玉香、黄崇新等长期担任计算机基础课程教学、具有丰富教学经验的一线教师。

由于编写仓促，书中疏漏之处在所难免，敬请广大读者给予指正。

为支持相应课程的教学工作，我们配套出版了该书的教学素材，选用本教材的教师和学生可到 http://publish. tju. edu. cn 领取。

编者
2018 年 6 月

| 目　录 |

第1章　计算机基础

学习内容

（1）计算机的发展史、原理和计算机系统的组成。

（2）计算机中文件、文件类型、字符编码的概念。

（3）数制的基本概念，二进制和十进制数之间的转换。

（4）计算机的性能和技术指标。

（5）多媒体计算机的概念。

（6）计算机病毒的概念和防治。

学习目标

理论目标：

掌握计算机的原理和系统组成的相关理论。

掌握计算机病毒和多媒体相关理论。

技能目标：

了解计算机组装的方法和步骤。

1.1　认识计算机

1.1.1　计算机发展史

如同历史上的许多发明创造一样，计算机技术是根据人类不同时期的需求以及其他领域的各种发明，不断进行调整、结合、演化而来的。从最初的用于数量统计到近代用于大型工业高速计算，再到现今的信息处理、人工智能，计算机的发展可谓沧海桑田。

1946 年 2 月美国宾夕法尼亚大学莫尔学院制成的大型电子数字积分计算机（Electronic Numerical Integrator and Calculator，ENIAC），最初用来为美国陆军计算弹道表，后经多次改进而成为能进行各种科学计算的通用计算机，如进行原子能和新型导弹弹道技术的计算。这台完全采用电子线路执行算术运算、逻辑运算和信息存储的计算机，运算速度比继电器计算机快 1 000 倍。这就是人们常常提到的世界上第一台电子计算机。ENIAC 大约 30 m 长，有 3 m 高，30 t 重，包含了 18 000 个真空管，耗电 174 000 W。它每秒可以进行 5 000 次加法运算，需要手工连接电缆并设置了 6 000 个开关进行编程。这种计算机的程序仍然是外加式的，存储容量很小，尚未完全具备现代计算机的主要特征。

计算机是如何从房间大小的庞然大物发展成现代的个人计算机的？计算机器件从电子

管到晶体管，再从分立元件到集成电路以至微处理器，促使计算机的发展出现了三次飞跃，历经四个阶段。

第一阶段是电子管计算机时期（1946—1959年），计算机主要用于科学计算。主存储器是决定计算机技术面貌的主要因素。当时，主存储器有水银延迟线存储器、阴极射线示波管静电存储器、磁鼓和磁芯存储器等类型，通常按此对计算机进行分类。

第二阶段是晶体管计算机时期（1959—1964年），主存储器均采用磁芯存储器，磁鼓和磁盘开始用作主要的辅助存储器。在此阶段，不仅科学计算用计算机继续发展、中、小型计算机，特别是廉价的小型数据处理用计算机也开始大量生产。

第三阶段是集成电路时期（1964年至20世纪70年代），1964年，在集成电路计算机发展的同时，计算机也进入了产品系列化的发展时期。半导体存储器逐步取代了磁芯存储器的主存储器地位，磁盘成为不可缺少的辅助存储器，并且开始普遍采用虚拟存储技术。随着各种半导体只读存储器和可改写的只读存储器的迅速发展以及微程序技术的发展和应用，计算机系统中开始出现固件子系统。

第四阶段是20世纪70年代以后，计算机用集成电路的集成度迅速从中小规模发展到大规模、超大规模的水平，微处理器和微型计算机应运而生，各类计算机的性能迅速提高。随着字长4位、8位、16位、32位和64位的微型计算机相继问世和广泛应用，对小型计算机、通用计算机和专用计算机的需求量也相应增长。

图1-1　微型计算机

微型计算机（图1-1）在社会上大量应用后，一座办公楼、一所学校、一个仓库常常拥有数十台以至数百台计算机。实现它们互联的局部网随即兴起，进一步推动了计算机应用系统从集中式系统向分布式系统的发展。

目前，新一代计算机是把信息采集存储处理、通信和人工智能结合在一起的智能计算机系统。它不仅能进行一般的信息处理，而且能面向知识处理，具有形式化推理、联想、学习和解释的能力，能帮助人类开拓未知的领域，并获得新的知识。

1.1.2　计算机原理

当代计算机是按照冯·诺依曼提出的"二进制和存储程序原理"制造的。其简单工作原理如图1-2所示。首先由输入设备接收外界的信息（程序和数据），控制器发出指令将数据送入内存储器，然后向内存储器发出取指令命令。在取指令命令下，程序指令逐条送入控制器。控制器对指令进行译码，并根据指令的操作要求，向存储器和运算器发出存、取命令和运算命令，并把结果保存在存储器内。最后在控制器发出输出命令，通过输出设备输出计算结果。因此，计算机内部的硬件均是在控制器的控制之下进行工作的。

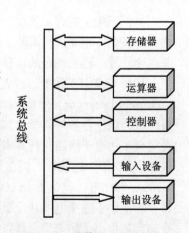

图1-2　计算机工作原理

1.1.3　计算机系统组成

计算机系统包括硬件系统和软件系统两大部分，如图1－3所示。

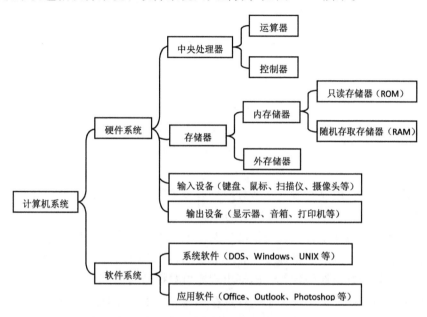

图1－3　计算机系统组成

这里先对硬件做介绍。硬件是指组成计算机的各种看得见、摸得着的实际物理设备，包括计算机的主机和外部设备。一般来说，计算机的硬件由五大功能部件组成：运算器、控制器、存储器、输入设备和输出设备。

在微型计算机中，运算器和控制器制作在同一块芯片上，该芯片称为中央处理器（CPU）。主机箱中还包括主板、存储设备、电源和各种插件板等部件。常用的输入设备有键盘、鼠标等，常用的输出设备有显示器、打印机等。下面分几个部分详细介绍。

1.1.4　计算机硬件系统

1. CPU

CPU包括运算器和控制器两大部件，又称为微处理器，是计算机的核心部件。计算机的所有操作均受CPU控制。CPU芯片如图1－4所示。

CPU的性能指标直接决定了由它构成的微型计算机系统的性能指标。主要指标有两个：字长和时钟频率。字长表示CPU每次处理数据的能力，字长越长，计算机的精度越高，速度越快。时钟频率主要以兆赫（MHz）为单位，通常时钟频率越高，CPU的处理速度就越快。

图1－4　CPU芯片

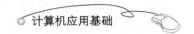

2. 存储器

存储器分为两类：一类是主机的内存储器，也叫内存，用于存放当前执行的程序和数据，它直接与 CPU 进行数据交换；另一类是计算机外部设备的存储器，也叫外存，属于永久性存储设备，它通过内存与 CPU 进行数据交换，如硬盘、U 盘等。

存储器的最小存储单位是字节（Byte，简称 B），相连的 8 位（bit）二进制数为一个字节。

描述存储器容量通常用的单位有 KB、MB 、GB 、TB，它们的关系如下：

1 Byte = 8 bit

1 KB = 1 024 Byte

1 MB = 1 024 KB

1 GB = 1 024 MB

1 TB = 1 024 GB

1）内存

内存也称为主存。内存一般按字节分成许许多多的存储单元，每个存储单元均有一个编号，称为地址。CPU 通过地址查找所需的存储单元。

存储容量和存取时间是内存性能优劣的两个重要指标。存储容量指存储器可容纳的二进制信息量，在计算机的性能指标中，常说 128 MB 、256 MB 等，即指内存的容量。存取时间指存储器从收到有效地址到其输出端出现有效数据的时间间隔，存取时间越短，其性能越好。根据功能，内存又可分为随机存取存储器（RAM）和只读存储器（ROM）。

（1）RAM 中的信息可以随机地读出和写入。当计算机断电时，内存中的信息会丢失。目前计算机中使用的内存均为半导体材料。它是由一组存储芯片焊制在一条印刷电路板上制成的，因此通常又习惯称之为内存条，如图 1-5 所示。

（2）ROM 中的信息由制造厂家一次性写入，并永久保存下来。在计算机运行过程中，ROM 中的信息只能被读出而不能写入 。它通常用来存放一些固定的程序，如系统监控程序、检测程序等。

图 1-5　内存条

2）外存

外存也称作辅助存储器。它通常是与主机相对独立的存储器部件。与内存相比，外存容量较大，关机后信息不会丢失，但存取速度较慢。外存不直接与 CPU 进行数据交换，当 CPU 需要访问外存的数据时，需要先将数据读入内存中，然后 CPU 再从内存中访问该数据，当 CPU 要输出数据时，也是先写入内存，然后再由内存写入外存中。微机常用的外部存储器有两类：磁盘存储器和光盘存储器。

最主要的磁盘存储器即硬盘，也称固定盘，如图 1-6 所示。它安装在主机箱内，盘片与读写驱动器组合在一起成为一个整体。微机中的大量程序、数据和文件通常都保存在硬盘上。

图 1-6　硬盘内部结构

　　光盘是一种大容量辅助存储器，如图 1-7 所示。它具有体积小、容量大、可靠性高、保存时间长、价格低和便于携带等特点，是现在计算机中使用很多的一种存储设备，光盘存储系统由光盘、光盘驱动器和接口设备组成。图 1-8 所示为光盘驱动器。光盘驱动器（简称光驱）是多媒体电脑重要的输入设备，它内装小功率的激光光源，读取信息时根据光盘凹凸不平的表面对光的反射强弱的变化来读出数据。

　　光驱最重要的性能指标是"倍速"，常见的有 48 倍速和 56 倍速等。光驱的倍速是以基准数据传输率 150 Kbit/s 来计算的。光盘的读取速度要慢于硬盘。

图 1-7　光盘　　　　　　　　　　图 1-8　光驱

　　随着通用串行总线（USB）开始在 PC 机上出现并逐渐盛行，借助 USB 接口，移动存储器也逐渐成为存储设备的主要成员。常用的移动存储设备如图 1-9 所示。

（a）　　　　　　　　　　（b）　　　　　　　　　　（c）

图 1-9　常用的移动存储设备

（a）U 盘　　（b）移动硬盘　　（c）存储卡

　　U 盘是一种基于 USB 接口的移动存储设备，如图 1-9（a）所示，它可以使用在不同的硬件平台，容量通常为几 GB 到几十 GB，价格低廉，体积很小，便于携带，使用极其方便。

　　移动硬盘也是基于 USB 接口的存储产品，如图 1-9（b）所示。它可以在任何不同硬件平台上使用，容量可达上百 GB 以上，同时具有极强的抗震性，称得上是一款实用、稳定的移动存储产品，使用也越来越广泛。

　　随着电脑应用得越来越广泛，很多人喜欢随身携带小巧的 IT 产品，例如数码相机、数码摄像机等。这些数码产品均采用存储卡作为存储设备，如图 1-9（c）所示。将数据

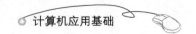

保存在存储卡中，可以方便地与计算机进行数据交换。

3. 输入设备

输入设备是指向计算机输入数据、程序及各种信息的设备。计算机中最常用的输入设备包括键盘、鼠标。

1）键盘

图 1 - 10 键盘

键盘（Keyboard）是人机对话的最基本的设备，用户用它来输入数据、命令和程序。键盘内部有专门的控制电路，当按下键盘上的一个按键时，键盘内部的控制电路就会产生一个相应的二进制代码，并将此代码输入计算机内部。目前计算机中使用最多的是 101 键盘和 104 键盘，如图 1 - 10 所示。

2）鼠标

鼠标（Mouse）也是计算机必不可少的输入设备。在图形环境下，鼠标可以通过光标定位来完成操作，速度较快。从控制原理来看，目前市场上流行的鼠标主要有光电鼠标（如图 1 - 11 （a)所示）、无线光电鼠标（如图 1 - 11 （b）所示）、轨迹球鼠标（如图 1 - 11 （c)所示）。

(a)   (b)   (c)

图 1 - 11　鼠标

（a）光电鼠标　　（b）无线光电鼠标　　（c）轨迹球鼠标

光电鼠标内部有一个发光二极管，通过它发出的光线，可以照亮光电鼠标底部物体表面，底部物体表面会反射回一部分光线，光线通过一组光学透镜后，传输到一个光感应器件内成像。当光电鼠标移动时，其移动轨迹便会被记录为一组高速拍摄的连贯图像，被光电鼠标内部的一块专用图像分析芯片(DSP，即数字微处理器)分析处理。该芯片通过对这些图像上特征点位置的变化的分析，来判断鼠标的移动方向和移动距离，从而完成光标的定位。

另外还有无线光电鼠标，利用红外线和无线电技术进行通信，使得鼠标更灵活，也更自由，没有了线缆的束缚。接收器通常应插入电脑的 USB 接口，它可以实现鼠标和计算机之间的通信。

轨迹球鼠标的工作原理和内部结构其实与普通鼠标类似，只是改变了滚轮的运动方式，其球座固定不动，直接用手拨动轨迹球来控制鼠标箭头的移动。轨迹球外观新颖，可随意放置，使用习惯后手感也不错。

4. 输出设备

输出设备是指从计算机中输出处理结果的设备。常用的输出设备有显示器、打印机、音箱和投影仪等。

1）显示器

显示器用来显示计算机输出的文字、图形或影像。常见的显示器有两种：阴极射线管（Cathode Ray Tube，CRT）显示器，如图 1-12（a）所示；液晶显示器（Liquid Crystal Display，LCD），如图 1-12（b）所示。液晶显示器的特点是轻、薄、无辐射，现在市面上多为这种显示器。

(a) (b)

图 1-12　两种常见的显示器

(a) CRT 显示器　　(b) 液晶显示器

（1）CRT 显示器有两个重要的技术指标：屏幕尺寸和分辨率。显示器的尺寸以屏幕对角线长度来表示，常有 14 in、15 in、17 in（1 in = 2.54 cm）等。分辨率就是屏幕图像的精密度，是指显示器上单位面积所能显示的像素的多少。由于屏幕上的点、线和面都是由像素组成的，显示器可显示的像素越多，画面就越精细，同样的屏幕区域内能显示的信息也越多，所以分辨率是非常重要的性能指标之一。可以把整个图像想象成一个大型的棋盘，而分辨率的表示方式就是所有经线和纬线交叉点的数目。以分辨率为 1 024 × 768 的屏幕来说，每一条水平线上包含 1 024 个像素点，共有 768 条线，即扫描列数为 1 024 列，行数为 768 行。

（2）LCD 有 6 个技术参数：亮度、对比度、可视角度、响应时间、色彩和分辨率。

①亮度值愈高，画面愈亮丽。

②对比度越高，色彩越鲜艳饱和，立体感越强。对比度低，颜色显得单调，影像也变得平板。对比度值的差别很大，有 100∶1 和 300∶1，甚至更高。一般最好在 250∶1 以上。

③可视角度是在屏幕前用户观看画面可以看得清楚的范围。可视角度愈大，浏览愈轻松；而愈小，则稍微变动观看位置，可能就会看不全画面，甚至看不清楚。可视范围是指从画面中间，至上、下、左、右 4 个方向能看清画面的角度范围。数值愈大，范围愈广，但 4 个方向的范围不一定对称。

④响应时间是指系统接收键盘或鼠标的指示，经 CPU 计算处理后，反应至显示器的时间。信号反应时间关系到用 LCD 观察文本及视频（例如 VCD/DVD）时，画面是否会出现拖尾现象。此现象一般只发生在液晶显示器上，传统的 CRT 显示器则无此问题。LCD 的响应时间从早期的 25 ms 到大家熟知的 16 ms，再到最近出现的 12 ms、8 ms、5 ms、2 ms，被不断缩短。

⑤显示器的色彩参数，指的是显示器能够显示自然界颜色的数量，色彩越多，则图像色彩还原就越好。大多数 LCD 的真正色彩为 26 万色左右（262 144 色），彼此之间差距不大。

⑥液晶显示器和传统的 CRT 显示器一样，分辨率都是重要的参数之一。对于 CRT 显示器而言，只要调整电子束的偏转电压，就可以得到不同的分辨率，而液晶显示器实现起来要复杂得多。液晶显示器的物理分辨率是固定不变的，必须通过运算来模拟出显示效果。当液晶显示器在非标准分辨率下使用时，文本显示效果就会变差，文字的边缘就会被虚化。液晶显示器的最佳分辨率，也叫最大分辨率，在该分辨率下，液晶显示器才能显现最佳影像。由于相同尺寸的液晶显示器的最大分辨率是一致的，所以同尺寸的液晶显示器的价格一般与分辨率没有关系。购买液晶显示器的时候千万不要只顾着看亮度、对比度，而忽略物理分辨率。

> **注意**
>
> 　　购买液晶显示器时还需要注意"坏点"的辨认。液晶屏最怕的就是坏点，一旦出现坏点，则不管显示屏所显示出来的图像如何变化，显示屏上固定的某一点永远只能显示同一种颜色。这种"坏点"是无法维修的，只有更换整个显示屏才能解决。坏点大概可以分为暗点和亮点两类，其中暗坏点是无论屏幕显示内容如何变化也无法显示内容的"暗点"，而最令人讨厌的则是那种只要开机就一直存在的"亮点"。
>
> 　　液晶显示屏由两块玻璃板构成，厚约 1 mm，中间是厚约 5 μm（1 μm = 0.001 mm）的水晶液滴，液滴被均匀间隔开，包含在细小的单元格结构中，每三个单元格构成屏幕上的一个像素。一个像素即为一个光点。每个光点都有独立的晶体管来控制其电流的强弱，如果该点的晶体管坏掉，就会造成该光点永远点亮或不亮，这就是前面提到的亮点或暗点。
>
> 　　检查坏点的方法非常简单，只要将液晶显示屏的亮度及对比度调到最大（显示反白的画面）或调成最小（显示全黑的画面），就会发现屏幕上亮点或暗点的存在。液晶显示器厂商一般对此的解释是只要坏点的数量和分布没有超出一定的标准，即出现三个以下坏点的液晶显示器均是正常的，是符合行业标准的。

　　2）打印机

　　打印机可将计算机中的信息打印到纸张或其他特殊介质上，以供阅读和保存。打印机的类型很多，目前常用的打印机有：针式打印机，如图 1-13（a）所示；喷墨打印机，如图 1-13（b）所示；激光打印机，如图 1-13（c）所示。打印机的主要性能指标是打印速度和打印分辨率。

（a）　　　　　　　　　　　（b）　　　　　　　　　　　（c）

图 1-13　打印机

（a）针式打印机　　（b）喷墨打印机　　（c）激光打印机

（1）针式打印机包括打印头、运载打印头的小车装置、色带、输纸机构和控制电路。色带一般由高强度尼龙带上浸涂打印色料制成，打印针打印到色带上将颜色转印在纸张上即完成打印。针式打印机的打印精度不高，速度较慢，噪声较大，但成本较低。

（2）喷墨打印机是靠墨水通过精细喷头喷到纸面上来形成字符和图像的。喷墨打印机的分辨率一般可达到 720 DPI（Dot Per Inch，每英寸的点数），最高可达到 1 440 DPI。喷墨打印机的体积小、重量轻，价格低廉，但打印成本较高。

（3）激光打印机是一种高速度、高精度、低噪声的非击打式打印机。它的分辨率通常为 600 DPI，高档产品的分辨率可达到 1 200 DPI，是办公自动化设备的主流产品。

3）音箱

音箱（图 1-14）是整个音响系统的终端，其作用是把音频电能转换成相应的声能，并把它辐射到周遭空间。它是音响系统极其重要的组成部分，因为它担负着把电信号转变成声信号供人耳直接聆听这样一个关键任务，它要直接与人的听觉打交道，而人的听觉是十分灵敏的，并且对复杂声音的音色具有很强的辨别能力。由于人耳对声音的主观感受正是评价一个音响系统音质好坏的最重要的标准，因此，可以认为，音箱的性能高低对一个音响系统的放音质量起着关键作用。

图 1-14　音箱

5. 主板

人们通常不会把主板作为计算机的一个独立部分来介绍。而它实际上是一个平台，集合了计算机系统的核心部件，包括微处理器、主存储器、声卡芯片、显卡、各种接口电路及总线扩展槽，如图 1-15 所示。各种输入输出设备接口卡均安插在总线扩展槽内。

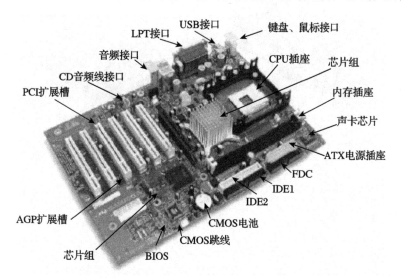

图 1-15　微型计算机主板

说明

　　显卡也称为显示适配器，它是显示器与主机通信的控制电路和接口。显卡的作用是将计算机中的数据处理成信息，并在显示器上显示出来，显示器的效果如何，不光要看显示器的质量，还要看显卡的质量。显卡分为独立显卡和集成显卡两类，集成显卡是将显示芯片、显存及其相关电路都做在主板上，与主板融为一体，它的优点是功耗低、发热量小，不用花费额外的资金购买显卡。缺点是不能更换新显卡，要换就只能和主板一起换。独立显卡将显示芯片、显存及其相关电路单独做在一块电路板上，如图1-16所示。它需占用主板的扩展插槽。独立显卡在技术上较集成显卡先进，比集成显卡的显示效果和性能更好，也容易升级。它的缺点是系统功耗有所加大，发热量也较大，另需额外花费购买显卡的资金。如今一般的用户都选择集成显卡，除非是专业从事图形图像类设计的人士，或是对视听效果追求完美的发烧友。

　　声卡是一种实现声波和数字信号相互转换的硬件，如图1-17所示。声卡的基本功能是把从输入设备中获取的声音模拟信号，转换成一串数字信号，采样存储到电脑中。重放时，这些数字信号被送到一个数模转换器还原为模拟波形，放大后送到扬声器发声。如今大多用户都选择购买集成式声卡。此类产品集成在主板上，具有不占用PCI接口、成本更为低廉、兼容性更好等优势，能够满足普通用户的绝大多数音频需求。而独立声卡是相对于现在的集成声卡而言的，虽然集成声卡音效已经很不错了，但独立声卡并没有因此而淡出历史舞台，现在推出的独立声卡大都是针对音乐发烧友以及其他特殊场合而量身定制的，它对电声中的一些技术指标有相当苛刻的要求，达到了精益求精的程度，再配合出色的回放系统，给人以最好的视听享受。

图1-16　独立显卡

图1-17　独立声卡

1.1.5　计算机软件系统

　　计算机软件是指为了充分发挥计算机硬件的效能和方便用户使用计算机而设计的各种程序和数据的总和。软件是计算机系统的重要组成部分，没有软件的计算机不能进行任何工作。通常非专业人员学习计算机，主要就是为了掌握相关的系统软件和应用软件的使用方法。

　　计算机的软件系统可分为两大部分：系统软件和应用软件。

1．系统软件

系统软件是计算机最靠近硬件的一层软件，用来实现计算机系统的管理、控制、运行和维护。系统软件与具体的应用无关，是用来为所有其他软件提供支持和服务的，是计算机必备的。一般来说系统软件包括以下三类。

1）操作系统

操作系统是管理硬件资源、控制程序执行、改善人机界面和为其他软件提供支持的软件，如 Windows，UNIX，Linux 和 DOS。

2）语言处理系统

语言处理系统是各种程序设计语言的翻译程序，它的作用是把源程序翻译成用二进制代码表示的机器语言。如 Pascal、C、C＋＋、Java 等处理系统。目前较为流行的是可视化、面向对象的语言，如上述后三种语言。

3）数据库管理系统

数据库管理系统是用于建立、使用和维护数据库的软件系统，如 Fox 公司的 FoxPro、微软公司的 SQL 与 Access、甲骨文公司的 Oracle、IBM 公司的 DB2 等。

系统软件的主要特点如下。

（1）与硬件系统的紧密结合性。例如：操作系统（包括设备驱动程序）实际上是与硬件设备捆绑在一起的。

（2）公用性和共享性，即所有用户均需要使用它。

（3）基础性，即它们是各种应用软件的工作平台。

2．应用软件

应用软件是计算机用户为了解决实际问题而编制的各种程序集合。实际上，用户对计算机的使用，是通过应用软件对计算机进行操作，而应用软件则通过系统软件对硬件进行操作。应用软件种类繁多，如管理软件、机票售票系统、教学辅助系统等。目前常用的应用软件主要有如下几种。

1）办公与文字处理软件

办公与文字处理软件有方正排版软件、金山公司的 WPS Office 和微软的 Office 套装软件等。

2）图形图像处理软件

图形图像处理软件用于绘制和处理各种复杂的图形图像等，常见的有 Photoshop、CorelDRAW、Director、AutoCAD 和 3D Studio Max 等。

3）多媒体制作软件

多媒体制作软件可以将文字、图像、声音等有机结合在一起，制作出图文并茂、有声有色的多媒体作品。常见的多媒体制作软件有 Authorware、Flash 和 PowerPoint 等。

此外还有教学辅助软件 CAI、网页制作软件 FrontPage 和 Dreamweaver 以及财务软件、杀毒软件等专用软件。

3．程序设计语言

计算机做任何事情，均是通过执行指令来实现的。指令是给计算机下达的命令，它告

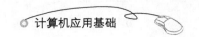

诉计算机每一步要做什么操作、参与此操作的数据来自何处，操作结果又将送往何处。一条指令包括操作码和地址码两部分，操作码指出该指令完成操作的类型，地址码指出参与操作的数据和操作结果存放的位置。程序是由一条条指令有序组合而成的。

人与人之间的沟通需要共同的语言，同样，人与机器沟通也需要一种语言，这就是程序设计语言。程序设计语言通常分为机器语言、汇编语言和高级语言 3 类。

1）机器语言

机器语言是计算机能直接识别的语言，执行效率比其他任何语言都高。每种型号的计算机都有自己的机器语言，也就是指令系统，每条指令是一串二进制代码。正因为如此，机器语言的执行效率很高，但同时可读性差，编写程序困难、易错，程序的调试和修改的难度很高。因为机器语言直接针对某种型号的计算机，所以为一种型号的计算机编写的程序不能用于另一台计算机，可移植性很差。

2）汇编语言

为了克服机器语言的缺点，人们努力地改造程序设计语言。20 世纪 50 年代，出现了汇编语言。这种语言把难以理解的二进制代码改为容易识别、记忆的符号，所以汇编语言又被称为符号语言。尽管如此，汇编语言仍是面向机器的低级语言，只是将指令用符号表示而已。

3）高级语言

虽然汇编语言相对于机器语言稍有改进，但仍然依赖于硬件体系，且助记符量大难记，于是人们又发明了更加易用的"高级语言"。这种语言远离对硬件的直接操作，其语法和结构更类似普通英文，有更强的表达能力，可方便地表示数据的运算和程序的控制结构，能更好地描述各种算法，而且容易学习掌握。

高级语言并不是特指的某一种具体的语言，而是包括很多编程语言，如 C/C++、VB、FoxPro、Java、C#等，这些语言的语法、命令格式都不相同。这里简单地介绍几种目前较为流行的语言。

C 语言是高级语言中很特别的一种语言，它把高级语言易读易用的语句结构与低级语言的实用性完美结合起来。因此，在编写需要对硬件进行操作的程序时，C 语言明显优于其他高级语言，典型的例子包括单片机程序以及嵌入式系统的开发。C 语言适用范围很广，适合于多种操作系统，如 Windows、DOS、UNIX 等，也适用于多种机型。C 语言最初就是为了编写 UNIX 操作系统而产生的。它既可以作为操作系统设计语言编写系统程序，也可以作为应用程序设计语言，编写不依赖计算机硬件的应用程序。

指针是 C 语言的一大特色，正因为指针，C 语言才可以直接进行靠近硬件的操作。但是 C 语言的指针也给它带来了很多不安全的因素。C++ 在这方面做了改进，在保留了指针操作的同时又增强了安全性。但是这些改进均增加了语言的复杂度。Java 则吸取了 C++ 的教训，取消了指针操作，也取消了 C++ 改进中一些备受争议的地方，在安全性和适合性方面均取得了良好效果，但它的运行效率低于 C++/C。一般而言，C，C++，Java 被视为同一系的语言，它们长期占据着程序使用榜的前三名。

VB（Visual BASIC）是一种由微软公司开发的事件驱动编程语言。它源于 BASIC 编程语言。VB 拥有图形用户界面（GUI）和快速应用程序开发（RAD）系统，可以轻易地连接数据库，轻松地创建 ActiveX 控件。VB 的设计原则就是便于程序员使用，因为许多属性和方法都被封装在组件里，使用者不需要花费大量的时间学习编程知识，就可以使用 VB 提供的组件快速建立一个简单的应用程序。当然，它也可以用来编写相当复杂的程序。正是由于它的易学易用性，使其成为有史以来使用人数最多的语言——无论是专家级的程序员还是菜鸟级的入门者。它恐怕也是最受争议的语言——无论是赞美它的人还是批评它的人都远远多过其他语言。因为 VB 具有可视化的特性，很多人自学了 VB，但是并没有学到好的编程习惯，所以导致了一些莫名其妙的代码的产生。程序员一边感叹 VB 的易用性，一边沮丧地看着一些类似于"未定义类型"的错误警告弹出。

用高级语言或者汇编语言编写的程序被称为"源程序"，机器不能直接识别，必须先把它翻译成机器语言，然后才能执行。这个翻译的过程被称为"编译"，翻译后得到的机器语言程序被称为"目标程序"。编译程序把一个源程序翻译成目标程序的工作过程分为五个阶段：词法分析、语法分析、语义检查和中间代码生成、代码优化、目标代码生成。程序主要进行词法分析和语法分析，这两项又称为源程序分析，分析过程中发现有语法错误，即给出提示信息。

1.2　计算机中的数据

1.2.1　文件及文件类型

文件（File）是以计算机可以识别的格式保存的数据和程序的集合。这里所说的数据是一个比较宽泛的概念，包括数值、文字、图像、声音等数据。程序也被看成是一组数据，只不过这组数据遵从一定的程序设计语法规则，计算机系统根据相应的规则识别这些数据，执行相应的动作，完成程序所规定的操作。

计算机每个文件都有一个唯一的文件名。文件名由两部分组成，基本文件名和扩展文件名，两者之间用"."隔开，形式如下：

基本文件名.扩展文件名

计算机中的文件可以大致分为图片文件、声音文件、视频文件、文档文件等。

常见的图片文件类型见表 1－1。

表 1－1　图片文件类型

序号	文件后缀名	文件特点
1	BMP	原始位图文件，占用空间最多
2	GIF	因特网上常用，可具有动画效果
3	JPG、JPEG	因特网上常用，经有损压缩，占用空间较小
4	TIF	扫描仪和 OCR 软件常用
5	PNG	使用了无损压缩算法，压缩比例高，常见于网页中
6	WMF	微软推出的矢量图格式，如剪贴画就是这种格式
7	PSD	Photoshop 文件

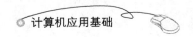

（2）常见的声音文件类型见表1-2。

表1-2　声音文件类型

序号	文件后缀名	文件特点
1	WAV	波形文件，原始声音类型，占用空间大
2	MID	MIDI 文件，计算机模拟乐器发声，占用空间极少，但音质与声卡关联很大
3	MP3	有损压缩文件，占用空间小，是 WAV 文件的几十分之一
4	WMA	压缩率可达1:18，占用空间只有 MP3 文件的一半

（3）常见的视频文件类型见表1-3。

表1-3　视频文件类型

序号	文件后缀名	文件特点
1	AVI	原始视频文件，占用空间极大
2	MOV	苹果公司的视频格式
3	MPG	有损压缩，占用空间很小，只有 AVI 文件的几十分之一
4	RM、RMVB	Realplayer 支持的格式
5	WMV	保证视频质量，占用空间非常小，适合在网上播放

（4）常见的文档文件类型见表1-4。

表1-4　文档文件类型

序号	文件后缀名	文件特点
1	TXT	文本文件，体积小
2	DOC、DOCX、DOT	Word 文件
3	XLS、XLSX	Excel 文件
4	PPT、PPTX、PPS	PowerPoint 演示文稿文件
5	PDF	Adobe 公司开发的便携文件格式
6	WPS	金山公司的文档格式
7	HTM、HTML	网页文件

除了以上这些文件类型外，还有其他一些常见的文件格式，如：ASF，微软定义的一种流媒体格式，是一种包含音频、视频、图像以及控制命令脚本的数据格式，用于播放网上的全动态影像，让用户可以在下载的同时同步播放影像；SWF，动画设计软件 Flash 的专用格式，被广泛应用于网页设计、动画制作等领域；FLC，2D、3D 动画制作软件中采用的动画文件格式，采用了高效的数据压缩技术。另外还有 DLL（动态链接库文件格式）、EXE（可执行文件格式），RAR、ZIP（压缩文件格式）等。

1.2.2　数制

数制是指使用一组固定的数字和一套有效的规则来统计数量的方法。人们习惯用十进制表示一个数，即以 10 为模，逢十进一的进制方法。实际生活中，人们还使用其他各种进制，如十二进制（1 打等于 12 个，1 ft 等于 12 in，1 年等于 12 个月）、六十进制（1 h 等于 60 min，1 min 等于 60 s）等。

计算机内部一律采用二进制存储数据。为了便于书写和阅读，用户可以使用十、八、十六进制形式表示一个数，但不管采用哪种形式，计算机都要把它们变成二进制数存入计算机内部，并以二进制方式进行运算，再把运算结果转换成人们习惯的进制形式输出。

1. 进位计数制有数位、基数、位权三个要素

（1）数位：指数码在一个数中所处的位置。

（2）基数：指在某种进位计数制中，数位上所能使用的数码的个数，例如，十进制数的基数是 10 个，八进制数的基数是 8 个。

（3）位权：指在某种进位计数制中，数位所代表的大小，对于一个 R 进制数（即基数为 R），若数位记作 j，则位权可记作 R^j。

2. 计算机中常用数制后缀表示

（1）十进制数（Decimal Number）用后缀 D 表示或无后缀，例如：15D，187.45。

（2）二进制数（Binary Number）用后缀 B 表示，例如：101B，10.11B。

（3）八进制数（Octal Number）用后缀 Q 表示，例如：45Q，754.12Q。

（4）十六进制数（Hexadecimal Number）用后缀 H 表示，例如：78AB7H，FF.A8H。

3. 十进制数

十进制数基本规则如下。

（1）数值部分用 10 个不同的数字符号 0，1，2，3，4，5，6，7，8，9 来表示。

（2）逢十进一。

（3）一般对任意一个正的十进制数 N，可表示为：

$$N = \pm(K_{n-1}10^{n-1} + K_{n-2}10^{n-2} + \cdots + K_0 10^0 + K_{-1}10^{-1} + K_{-2}10^{-2} + \cdots + K_{-m}10^{-m})$$

式中　K_j——0 至 9 中任意一个，由 N 决定；

　　　m，n——正整数。

十进制数计数方法中，10 称为计数制的基数，10^j 称为位权。

例：123.45

小数点左边第一位代表个位，3 在左边 1 位上，它代表的数值是 3×10^0，1 在小数点左边 3 位上，代表的是 1×10^2，5 在小数点右边 2 位上，代表的是 5×10^{-2}。

$$123.45 = 1 \times 10^2 + 2 \times 10^1 + 3 \times 10^0 + 4 \times 10^{-1} + 5 \times 10^{-2}$$

$$372.86 = 3 \times 10^2 + 7 \times 10^1 + 2 \times 10^0 + 8 \times 10^{-1} + 6 \times 10^{-2}$$

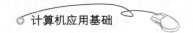

4．二进制数

二进制数基本规则如下。

（1）数值部分用 2 个不同的数字符号 0，1 来表示。

（2）运算规则是逢二进一。

$$0 + 0 = 0$$
$$1 + 0 = 1$$
$$1 + 1 = 10$$
$$1 + 10 = 11$$
$$1 + 11 = 100$$

（3）任意二进制数 N 可表示为：

$$N = \pm (K_{n-1} \times 2^{n-1} + K_{n-2} \times 2^{n-2} + \cdots + K_0 \times 2^0 + K_{-1} \times 2^{-1} + K_{-2} \times 2^{-2} + \cdots + K_{-m} \times 2^{-m})$$

式中　K_j——只能取 0，1；

　　　m，n——正整数。

二进制数计数方法中，2 是二进制的基数。

5．二进制数转换为十进制数

方法：通过按权展开相加法。

$$\begin{aligned}
10101.101B &= 1 \times 2^4 + 0 \times 2^3 + 1 \times 2^2 + 0 \times 2^1 + 1 \times 2^0 + 1 \times 2^{-1} + 0 \times 2^{-2} + 1 \times 2^{-3} \\
&= 16 + 0 + 4 + 0 + 1 + 0.5 + 0 + 0.125 \\
&= 21.625
\end{aligned}$$

6．十进制数转换为二进制数

例如：把十进制数 30.687 5 转换为二进制数。

方法：将十进制数 30.687 5 分成整数部分和小数部分来进行转换。十进制整数部分转换为二进制数可以使用"除 2 取余"的方法，即把十进制整数除以 2，所得余数作为二进制数的最低位数，所得的商再除以 2，所得余数作为次低位数，如此反复，直到商为零为止。

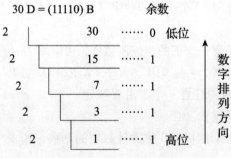

小数部分的十进制转化为二进制，用"乘 2 取整法"，把十进制小数乘以 2，所得的乘积取其整数部分，作为二进制数的最高位，乘积余下小数部分再乘以 2，所得乘积的整数部分作为次高位，如此反复，直到乘积为一个整数为止。

<table>
<tr><td>**注意**</td></tr>
</table>

　　如果乘积始终不为整数，则按要求精确到小数点后若干位即可。

$$0.6875 D=（1001）B$$

```
        0.687 5
      ×       2
      ─────────
        1.375 0 ……整数部分为1 高位
        0.375 0
      ×       2
      ─────────
        0.750 0 ……整数部分为0
        0.750 0
      ×       2
      ─────────
        1.500 0 ……整数部分为0
        0.500 0
      ×       2
      ─────────
        1.000 0 ……整数部分为1 低位
```

数字排列方向

最后把整数部分与小数部分合并，得到：

$$30.6875 D =（11110.1001）B$$

说明

　　二进制数的优点：

（1）数的状态简单，容易表示；

（2）运算的规则简单；

（3）可以节省设备；

（4）易于转换。

7. 八进制数

八进制数基本规则如下。

（1）数值部分用 8 个不同的数字符号 0，1，2，3，4，5，6，7 来表示。

（2）逢八进一。

（3）二进制与八进制数间的转换：因 $8^1 = 2^3$，所以 1 位八进制数相当于 3 位二进制数，根据这个对应关系，二进制与八进制间的转换方法为从小数点向左、向右每三位分为一组，不足三位者以 0 补足三位。

例　7Q = 111B　　　　　　　104Q = 1000100B

　　0.4Q = 0.100B　　　　　　10.4Q = 1000.1B

　　1101011.0011B = 153.14Q

17

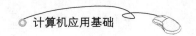

100001. 01B = 41. 2Q

注意：补"0"——最高位或小数点后最低位补"0"不会改变数值大小。

（4）任意八进制数 N 可表示为：

$$N = \pm\ (K_{n-1} \times 8^{n-1} + K_{n-2} \times 8^{n-2} + \cdots + K_0 \times 8^0 + K_{-1} \times 8^{-1} + K_{-2} \times 8^{-2} + \cdots + K_{-m} \times 8^{-m})$$

式中　K_j——只能取 0，1，2，3，4，5，6，7；

　　　m，n——正整数。

八进制数中 8 是基数。

8. 十六进制数

十六进制数基本规则如下。

（1）数值部分用 16 个不同的符号表示：0，1，2，3，4，5，6，7，8，9，A，B，C，D，E，F。

（2）逢十六进一。

（3）二进制与十六进制数间的转换：因 $16^1 = 2^4$，所以 1 位十六进制数相当于 4 位二进制数，根据这个对应关系，二进制与十六进制间的转换方法为从小数点向左、向右每四位分为一组，不足四位者以 0 补足。

例　7H = 0111B　　　　　　　　104H = 0001 0000 0100B

　　0. 4H = 0. 0100B　　　　　10. 4H = 0001 0000. 0100B

　　110 1011. 0011B = 6B. 3H

（4）任意十六进制数 N 可表示为：

$$N = \pm\ (K_{n-1} \times 16^{n-1} + K_{n-2} \times 16^{n-2} + \cdots + K_0 \times 16^0 + K_{-1} \times 16^{-1} + K_{-2} \times 16^{-2} + \cdots + K_{-m} \times 16^{-m})$$

式中　K_j——可以取 0，1，2，3，4，5，6，7，8，…，15 中的任意一个；

　　　m，n——正整数。

十六进制数中 16 是基数。

表 1-5 为十进制数与二进制、八进制和十六进制数的对照表。

表 1-5　各进制数的对照表

十进制	二进制	八进制	十六进制	十进制	二进制	八进制	十六进制
0	0000	0	0	8	1000	10	8
1	0001	1	1	9	1001	11	9
2	0010	2	2	10	1010	12	A
3	0011	3	3	11	1011	13	B
4	0100	4	4	12	1100	14	C
5	0101	5	5	13	1101	15	D
6	0110	6	6	14	1110	16	E
7	0111	7	7	15	1111	17	F

由于人们习惯于使用十进制数，因此，在使用计算机时，仍然采用十进制数输入和输

出，这些数在计算机内部由程序将其进行转换。

1.2.3　编码

日常生活中，我们经常将一些事物用编码来管理，如身份证号、邮政编码、电话号码等，它们均是由数字组成，用来区别各种事物的。同样，在计算机内部，也有一些二进制编码用来表示字母、汉字、颜色、声音和其他符号等，它们均是由一组二进制数组成的信息。为了区别于同类型的信息，它们有各自的编码方案。

1. ASCII 码

ASCII 码是目前计算机中用得最广泛的字符集及编码，是由美国国家标准学会（ANSI）制定的，全称 American Standard Code for Information Interchange（美国标准信息交换码），它已被国际标准化组织（ISO）定为国际标准，称为 ISO 646 标准，适用于所有拉丁字母，ASCII 码有 7 位标准码和 8 位扩展码两种形式。7 位 ASCII 码是用七位二进制数进行编码的，可以表示 128 个字符，包括 4 类最常用的字符：数字（0～9）、字母（26 个大、小写英文字母）、通用字符（如 + 、 - 、 = 、 * 等，共 32 个）、控制码（包括空格、回车换行等共 34 个）。

注意

> 在计算机的存储单元中，一个标准 ASCII 码值占一个字节（8 个二进制位），其最高位（b7）用作奇偶校验位。所谓奇偶校验，是指在代码传送过程中用来检验是否出现错误的一种方法，一般分为奇校验和偶校验两种。

后 128 个称为扩展 ASCII 码（或"高"ASCII）。扩展 ASCII 码允许将每个字符的第 8 位用于确定附加的 128 个特殊符号字符、外来语字母和图形符号。

ASCII 码常用于输入输出时信息的转换。比如从键盘输入字符信息时，编码电路将字符转换成 ASCII 码输入计算机内部，经处理后，再将 ASCII 码表示的数据转换成对应字符在显示器或打印机上输出。

2. 汉字编码

目前的汉字编码有国标码、机内码、外码、字形码和混合编码等。汉字也是字符，但是要进行编码后才能被计算机接受。由于汉字是非拼音字符，且字符量很大，每个汉字均需要一个唯一对应的编码才能将它们区别开来。汉字的编码方案很多，各有特色，我国根据国际标准颁布了《信息交换用汉字编码字符集 基本集》（GB 2312—1980），也称汉字交换码，简称国标码。

国标码收集了 7 000 多个汉字及符号，将其中使用较多的 3 755 个汉字定为一级字符，使用稍少的 3 008 个汉字定为二级字符，再加上其他的符号，如拉丁字母、俄文字母、日文字母、希腊字母、汉语拼音字母、数字、常用符号等 682 个。GB 2312 规定每个汉字用 2 个字节的二进制编码，每个字节的最高位为 0，其余的 7 位用于表示汉字信息。

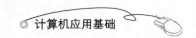

随着计算机应用越来越广泛，原来 GB 2312 的 6 763 个汉字和 682 个符号已经明显不能适应需要。2000 年 3 月，原国家信息产业部和原国家质量技术监督局联合发布了 GB 18030—2000《信息技术 信息交换用汉字编码字符集 基本集的扩充》。在新标准中采用了单、双、四字节混合编码，收录了 27 000 多个汉字和藏族、蒙古族、维吾尔族等主要少数民族的文字。

3. 汉字输入法

现在流行的汉字输入法有微软拼音输入法、搜狗拼音输入法和五笔字型输入法等。

（1）微软拼音输入法是一种基于语句的智能型拼音输入法，采用拼音作为汉字的录入方式，用户不需要经过专门的学习和培训，就可以方便地使用并熟练掌握这种汉字输入技术。微软拼音输入法是 Office 中文版的一个组件，安装 Office 中文版就会默认安装微软拼音输入法。

（2）搜狗拼音输入法是搜狐公司推出的一款 Windows 平台下的汉字拼音输入法。搜狗拼音输入法是基于搜索引擎技术的新一代输入法产品，用户可以通过互联网备份自己的个性化词库和配置信息。搜狗拼音输入法为中国现今主流汉字拼音输入法之一，奉行永久免费的原则。

（3）五笔字型输入法是王永民在 1983 年 8 月发明的一种汉字输入法。汉字编码的方案很多，但基本依据都是汉字的读音和字形两种属性。五笔字型完全依据笔画和字形特征对汉字进行编码，是典型的形码输入法。五笔字型中，字根多数是传统的汉字偏旁部首，同时也把一些笔画结构作为字根，还有硬造出的一些"字根"，五笔基本字根有 130 种，加上一些基本字根的变形，共有 200 个左右。这些字根对应键盘上的 25 个键。

1.3　多媒体及应用

多媒体一词来源于英文单词 Multimedia，其中，Multi 为"多"，media 为"媒体"。媒体也称介质或媒质，是指传播信息的载体，如数字、文字、声音、图形和图像。

多媒体技术是指把文字、音频、视频、图形、图像、动画等媒体信息，通过计算机进行数字化采集、获取、压缩/解压缩、编辑、存储等加工处理，再以单独或合成形式表现出来的一体化技术。多媒体是当前计算机发展的一个热门方向。有了多媒体技术，人们能够以声音、文字、图形等方式与计算机进行信息交互，再配合网络的应用，计算机的用途更为广泛。例如：教师利用多媒体计算机辅助教学，提高了教学效率，使课堂教学更为生动精彩；以光盘为载体的电子出版物和多媒体家庭教育软件，也受到人们的普遍欢迎。

1. 多媒体的特征

1）集成性

多媒体采用了数字信号，可以综合处理文字、声音、图形、动画、图像、视频等多种信息，并将这些不同类型的信息有机结合在一起。

2）实时性

实时性即信息处理和传递具有很强的时间性。

3）交互性

信息以超媒体结构进行组织，可以方便地实现人机交互。这是多媒体技术最重要的特征。

4）智能性

多媒体提供了易于操作、十分友好的界面，使计算机操作更直观、更方便、更亲切、更人性化。

2. 数码设备及数据采集

现在的数码设备日益普及，人们所熟知的有数码摄像机（俗称 DV）、数码相机（DC）、MP3/MP4、掌上电脑、平板电脑等。

人们通过 DV、DC 这些数码设备获取的多媒体文件，可以放到计算机中处理并播放。一般摄像机的视频信号都是模拟的连续信号，而计算机只能识别数字信号（离散信号），因此，需先将模拟视频信号采集到计算机中，并将之转换为数字信号。采集的时候还要考虑视频信号采集速度、视频信号的质量等问题，这就需要视频采集卡来帮忙了。

采集卡又称视频捕捉卡，其功能是将视频信号采集到计算机中，以数据文件的形式保存在硬盘上。视频采集卡是进行视频处理必不可少的硬件设备。通过它，可以把摄像机拍摄的视频信号转存到计算机中，利用相关的视频编辑软件，对数字化的视频信号进行后期编辑处理，比如剪切画面，添加滤镜、字幕和音效，设置转场效果以及加入各种视频特效等，最后将编辑完成的视频信号转换成标准的 VCD、DVD 以及网上流媒体等格式，方便传播。

3. 多媒体工具软件

多媒体工具软件运行于多媒体操作系统上，提供了建立多媒体文件的构件和框架，也可以用来演示多媒体文件或实现多媒体文件之间的转换功能，帮助开发人员提高多媒体软件的开发效率。常见的多媒体工具软件有以下几种。

1）音频工具软件 GoldWave

GoldWave 是一个集声音编辑、播放、录制和转换于一体的音频工具，体积小巧，功能却不弱，可打开的音频文件相当多，包括 WAV、OGG、VOC、IFF、AIFF、AIFC、AU、SND、MP3、MAT、DWD、SMP、VOX、SDS、AVI、MOV、APE 等格式，也可以从 CD、VCD、DVD 或其他视频文件中提取声音。它拥有丰富的音频处理特效，从一般特效如多普勒、回声、混响、降噪到高级的公式计算，利用公式在理论上可以产生任何想要的声音，效果较多。

2）专业音频编辑软件 Adobe Audition

Adobe Audition 是 Cool Edit Pro 的升级，由于出品 Cool Edit 的公司被 Adobe 公司收购（大名鼎鼎的 Photoshop 就是出自 Adobe 公司），著名的音频编辑软件 Cool Edit Pro 也随之

改名为 Adobe Audition。Adobe Audition 软件提供专业化音频编辑环境，专门为音频和视频专业人员设计，可提供先进的音频混音、编辑和效果处理功能，具有灵活的工作流程，使用起来非常简单，并配有绝佳的工具，可以制作出音质饱满、细致入微的最高品质音频。

3）视频编辑软件 Premiere

Premiere 是一款常用的视频编辑软件，由 Adobe 公司推出，是一款编辑画面质量比较好的软件，有较好的兼容性，且可以与 Adobe 公司推出的其他软件相互协作。目前这款软件广泛应用于广告制作和电视节目制作中。

4）特效制作软件 Adobe After Effects

Adobe After Effects 是 Adobe 公司推出的一款图形视频处理软件，它主要用于影视后期制作，适用于从事设计和视频特技的机构，包括电视台、动画制作公司、个人后期制作工作室以及多媒体工作室。而在新兴的用户群，如网页设计师和图形设计师中，也有越来越多的人使用 Adobe After Effects，它较适合从事影视动画制作的相关人士使用，该软件提供了高级的运动控制、变形特效、粒子特效，是专业的影视后期处理工具。

5）多媒体制作编辑软件数码大师

数码大师是国内发展最久、功能最强大的多媒体制作编辑软件。从 2001 年诞生起就面向国内用户量身定做，如今已经成为中国拥有正式用户最多的多媒体数码相册视频编辑软件。软件使用独创的全新 DUI 界面设计技术，风格爽朗，操作和布局非常人性化、智能化，简单易用，模块化程度极高，毫不费力即可掌握各种强大功能，轻松编辑各种绚丽多姿的视频和相册。在视频编辑方面，软件能够导入图片、视频、音频，叠加绚丽的特效，将各种素材重新编辑，导出视频。

6）动画制作软件 Flash

Flash 是一款动画制作软件，设计人员和开发人员可以使用它来制作包含图片、音频、视频、动画等效果的多媒体文件。通常，使用 Flash 制作的各个内容单元称为应用程序。Flash 特别适合为 Internet 提供内容，因为它的体积非常小。Flash 是通过广泛使用矢量图形来做到这一点的，与位图图形相比，矢量图形需要的内存和存储空间小很多，因为它们是以数学公式而不是大型数据集来表示的，而位图图形之所以更大，是因为图像中的每个像素都需要一组单独的数据来表示。

7）三维动画制作软件 3D Studio Max

3D Studio Max，常简称为 3ds MAX，是 Autodesk 公司开发的基于 PC 系统的三维动画渲染和制作软件。最初运用在电脑游戏的动画制作中，其后更进一步地参与影视片的特效制作。拥有强大功能的 3ds MAX 广泛应用于广告、影视、工业设计、建筑设计、多媒体制作、游戏、辅助教学以及工程可视化等领域。根据不同行业的应用特点，对 3ds MAX 的掌握程度也有不同的要求。建筑方面的应用相对来说简单一些，它只要求单帧的渲染效果和环境效果，只涉及比较简单的动画。在片头动画和视频游戏的应用中动画占的比例很大，特别是视频游戏对角色动画的要求要更高一些，影视特效方面的应用则把 3ds MAX 的功能发挥到了极致。

1.4　计算机病毒及预防

《中华人民共和国计算机信息系统安全保护条例》中对计算机病毒（Computer Virus）做了明确的定义：编制或者在计算机程序中插入的毁坏计算机功能或者毁坏数据，影响计算机使用，并能自我复制的一组计算机指令或者程序代码。它是人为的特制程序，具有自我复制能力，通过授权入侵而隐藏在计算机系统的数据资源中，利用系统数据资源进行繁殖并生存，能影响计算机系统的正常运行，并通过系统数据共享的途径进行传染。

1．计算机病毒的特性

1）传染性

传染性是计算机病毒的重要特征。传染是指病毒从一个程序体复制到另一个程序体的过程。正常的程序运行的途径和方法，也就是病毒传染的途径和方法。例如，计算机的引导、启动、功能调用，对程序的增、删、改等。它们之间的不同之处在于：正常程序的复制是明确的、定向的，而病毒的传染则是隐蔽的、泛滥式的。

2）隐蔽性

隐蔽性是指计算机病毒进入系统并开始破坏数据的过程不易为用户察觉，而且这种破坏性活动用户难以预料。它一般依附在某种介质中，发作之前很难被发现。一旦被发现，通常系统已被感染，数据已被破坏。

3）破坏性

破坏性是指计算机病毒对正常程序和数据的增、删、改、移，能导致局部功能残缺，或者系统瘫痪、崩溃。有的计算机病毒的目的是破坏计算机系统，使系统资源受到损失，数据遭到破坏，严重时造成计算机系统全面崩溃。

随着互联网的发展，病毒、黑客、后门、漏洞和有害代码等相互结合起来，对信息社会造成了极大的威胁。目前，全世界流行的各种病毒已经超过了 7 万种，而且正在以每月300 ~ 500 种的速度疯狂增长。面对病毒肆无忌惮的挑战，反病毒软件的功能亦在不断增强。

2．计算机病毒的分类

计算机病毒可以从不同的角度进行分类。

（1）按病毒表现性质可分为良性病毒和恶性病毒。良性病毒的危害性小，不破坏系统和数据，但大量占用系统内存，使机器无法正常工作而陷于瘫痪。恶性病毒会毁坏数据文件，也可能使计算机停止工作。

（2）按病毒激活的时间可分为定时病毒和随机病毒。定时病毒仅在某一特定时间才发作，而随机病毒一般不是由时钟来激活的。

（3）按病毒入侵方式可分为：操作系统型病毒（大麻病毒是典型的操作系统型病毒），这种病毒具有很强的破坏力，它用自己的程序意图加入或取代部分操作系统进行工作，可以导致整个系统的瘫痪；原码病毒，在程序被编译之前插入 FORTRAN、C 或 Pascal

等语言编制的源程序里，完成这一工作的病毒程序一般在语言处理程序或连接程序中；外壳病毒，常附在主程序的首尾，对源程序不做更改，这种病毒较常见，易于编写也易于发现，一般测试可执行文件的大小即可知；入侵病毒，侵入主程序之中，并替代主程序中部分不常用到的功能模块或堆栈区，这种病毒一般是针对某些特定程序而编写的。

（4）按病毒存在的媒体分类，可以分为网络病毒、文件病毒、引导型病毒。网络病毒通过计算机网络传播感染网络中的可执行文件；文件病毒感染计算机中的文件（如 COM、EXE、DOC 等）；引导型病毒感染启动扇区（Boot）和硬盘的系统引导扇区（MBR）。还有这三种情况的混合型病毒，例如：多型病毒（文件和引导型）具有感染文件和引导扇区两种目标，这样的病毒通常都有复杂的算法，它们使用非常规的办法侵入系统，同时使用了加密和变形算法。

（5）按病毒破坏的能力，可以将病毒分为四类。

① 无害型，除了传染时减少磁盘的可用空间外，对系统没有其他影响。

② 无危险型，这类病毒仅仅是减少内存、显示图像、发出声音及同类音响。

③ 危险型，这类病毒在计算机系统操作中造成严重的错误。

④ 非常危险型，这类病毒删除程序、破坏数据、清除系统内存区和操作系统中重要的信息。

这些病毒对系统造成的危害，并不是本身的算法中存在危险的调用，而是当它们传染时会引起无法预料的、灾难性的破坏。由病毒引起其他程序产生的错误也会破坏文件和扇区，这些病毒也可以按照它们引起破坏的能力划分。值得注意的是，一些暂时无害的病毒也可能会因为环境的改变而变得有害。

（6）按照病毒传染的方法，可以将病毒分为驻留型和非驻留型两种。驻留型病毒感染计算机后，把自身的内存驻留部分放在内存（RAM）中，这一部分程序挂接系统调用并合并到操作系统中去，从开机进入操作系统一直到关机都处于激活状态。非驻留型病毒在得到机会激活时并不感染计算机内存，或者在内存中留有小部分，但是并不通过这一部分进行传染。

（7）按病毒的算法可以将病毒分为以下三类。

① "蠕虫"型病毒，通过计算机网络传播，不改变文件和资料信息，利用网络从一台机器的内存传播到其他机器的内存，计算网络地址，将自身的病毒通过网络发送。有时它们在系统中除了内存不占用其他资源。

② 伴随型病毒，这一类病毒并不改变文件本身，它们根据算法产生 EXE 文件的伴随体，具有同样的名字和不同的扩展名（COM），例如：XCOPY.EXE 的伴随体是 XCOPY.COM。病毒把自身写入 COM 文件并不改变 EXE 文件，当 DOS 加载文件时，伴随体优先被执行，再由伴随体加载执行原来的 EXE 文件。

③ 寄生型病毒，除了伴随和"蠕虫"型病毒，其他病毒均可称为寄生型病毒，它们依附在系统的引导扇区或文件中，通过系统的功能进行传播。

3. 杀毒软件

计算机病毒对计算机资源造成的破坏和损失，不但会导致资源和财富的巨大浪费，而且有可能引发社会性灾难。随着信息化社会的发展，计算机病毒的威胁日益严重，反病毒的任务也更加艰巨了。目前的很多杀毒软件对国内外已经出现的计算机病毒均有较好的查杀效果。

杀毒软件也称反病毒软件或防毒软件，是用于消除电脑病毒、特洛伊木马和恶意软件的一类软件。杀毒软件通常集成监控识别、病毒扫描、清除和自动升级等功能，有的杀毒软件还带有数据恢复等功能，是计算机防御系统（包含杀毒软件、防火墙、特洛伊木马和其他恶意软件的专用查杀程序、入侵预防系统等）的重要组成部分。

杀毒软件的任务是实时监控和扫描磁盘。部分杀毒软件通过在系统添加驱动程序的方式进驻系统，并且随操作系统启动。大部分的杀毒软件同时具有防火墙功能。

杀毒软件的实时监控方式因软件而异。有的杀毒软件通过在内存里划分一部分空间，将电脑里流过内存的数据与反病毒软件自身所带的病毒库（包含病毒定义）的特征码相比较，以判断其是否为病毒。另外的杀毒软件则在所划分的内存空间里，虚拟执行系统或用户提交的程序，根据其行为或结果做出判断。

在使用杀毒软件时，应了解以下使用常识。

（1）杀毒软件不可能查杀所有病毒。

（2）杀毒软件能查到的病毒，不一定能杀掉。

（3）杀毒软件对被感染的文件杀毒有多种方式：清除、删除、禁止访问、隔离、不处理。

①清除：清除被感染的文件的病毒，清除后文件恢复正常。

②删除：删除病毒文件。

③禁止访问：禁止访问病毒文件。在发现病毒后用户如选择不处理则杀毒软件可能将病毒文件禁止访问。用户打开文件时会弹出错误对话框，内容是"该文件不是有效的 Win32 文件"。

④隔离：病毒删除后转移到隔离区。用户可以从隔离区找回被删除的文件，隔离区的文件不能运行。

⑤不处理：不处理该病毒。如果用户暂时不确定是不是病毒可以暂时先不处理它。

目前国内反病毒软件有 360 杀毒、金山毒霸、瑞星等，国外的有 McAfee、Avira AntiVir、Symantec、Kaspersky、Bitdefender。

大部分杀毒软件是滞后于计算机病毒的，所以，除了及时更新病毒库、升级软件版本和定期扫描外，还要注意充实自己的计算机安全以及网络安全知识，做到不随意打开陌生的文件或者不安全的网页，不浏览不健康的站点，注意更新自己的隐私密码，配套使用安全助手与个人防火墙等。这样才能更好地维护自己的电脑以及网络安全。

4. 计算机病毒的预防

在计算机的使用过程中，为保护计算机不受病毒侵袭，必须采取适当措施加以防范。

（1）使用正版杀毒软件并及时更新病毒库。了解所选杀毒软件的技术特点，正确配置、使用杀毒软件。

（2）定时查毒。现在硬盘越来越大，杀毒的时间也较长，为此可采用定时查毒方式，即固定在一个休息的时间查毒，这样不会影响计算机的日常使用。此外，杀毒软件的升级

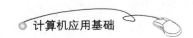

周期是一周一次，软件一升级就应进行查毒，保证系统安全。

（3）使用正版软件。如果只能使用网上下载的软件，则最好使用提供 MD5 认证码的。下载完成后使用 MD5 认证码核对就可以确认下载的软件是否被恶意修改过。

（4）及时给操作系统和应用软件打补丁。包括操作系统在内的任何软件都有可能存在漏洞，这些漏洞如果被病毒编写者或黑客利用则会导致计算机被攻击。另外，补丁程序最好在官方网站下载。

（5）所有进入电脑的程序和文件都要经过杀毒。

（6）不随便下载和安装软件，不使用游戏外挂。官方网站能下载的软件程序就不要在其他网站下载。有些程序中植入了木马或病毒，一旦下载系统就会中毒。游戏外挂本身就是非正当程序，这些程序中有相当多的部分被植入了木马或病毒。

（7）不要轻易点击聊天窗口和网页上的链接，不要打开陌生人发来的电子邮件。一些病毒就是利用了用户对好友的信任发送特定的链接或利用用户的猎奇心理，在网页上放置有吸引力的链接，诱使用户点击。一旦用户点击或下载，系统就会被感染。

（8）关闭 U 盘等外设的自动播放功能。杜绝使用来历不明的移动设备，也不要把移动设备随便借给他人使用。

（9）定期备份重要的数据。

（10）安装防火墙，提高系统的安全性。

1.5 任务：购买及组装台式计算机

【任务描述】

小明是一名刚刚进入校门的大学生，平时喜爱 IT 和数码知识。新学期开始了，想购买一台计算机以学好计算机方面的基础知识，为以后的专业课程学习打下坚实的基础。

【任务分析】

随着计算机的普及，计算机已经逐渐成为人们学习、工作、生活中不可缺少的工具。同时，计算机的价格也在逐渐下降，很多学生用户开始准备购买自己的计算机。选购计算机要做好相关的调查、分析和准备工作，这样才能买到一台自己满意的计算机。

【购机流程】

（1）购机用途和预算分析；

（2）确定机型；

（3）确定配置，购买新机；

（4）组装及验机；

（5）安装系统软件；

（6）安装应用软件。

【详细步骤】

1. 购机用途和预算分析

购买计算机之前，首先要确定购买计算机的用途，需要计算机为其做哪些工作。只有明确了自己的购买用途，才能制定正确的选购方案。一般的用户购机用途有下面几种。

1）学习办公类型

学习办公型计算机，主要用途为处理文档、收发 E-mail 以及制表等，因此，能够长时间地稳定运行非常重要。计算机可考虑配置一款液晶显示器，减少长时间使用计算机对人眼的伤害。

2）家庭上网类型

一般的家庭中，使用计算机主要用于浏览新闻、处理简单的文字、玩一些简单的小游戏、看网络视频等，因此不必配置高性能的计算机，选择一台中低端配置的计算机就可以满足用户需求了。因为用户不运行较大的软件，故感觉不到低配置计算机速度慢。

3）图形设计类型

对于这样的用户，因为需要处理图形色彩、亮度，图像处理工作量大，所以要配置运算速度快、整体配置高的计算机，尤其在 CPU、内存、显卡上都要求较高配置，同时应该配置大尺寸的显示器来达到更好的显示效果。

4）娱乐游戏类型

当前开发的游戏大都采用了三维动画效果，所以这类用户对计算机的整体性能要求更高，在内存、CPU、显卡、显示器、声卡等方面都有一定的要求。

除了要看用户购买电脑的主要目的是什么外，还要看经济承受能力。经济承受能力强的用户即使买电脑的主要目的是用来打打字和上上网也要买好一点的，因为越贵的电脑，配置越高，用途就越广，也越好用。对于预算低一点的用户，则需要多算计一下，在配置上够用就好。

2. 确定机型

1）购买笔记本还是台式机

随着微型计算机技术的迅速发展，笔记本电脑的价格在不断下降，一些计划购买计算机的用户都在考虑是购买台式机还是笔记本。对于购买台式机还是笔记本，可从以下几点考虑。

（1）应用环境。

台式机移动不太方便，对于在固定地点办公学习的用户，可以选择台式机。笔记本的优点是体积小，携带方便，经常出差或移动办公学习的用户应该选购笔记本。

（2）性能需求。

同一档次的笔记本和台式机在性能上有一定的差距，并且笔记本的可升级性较差。对于有更高性能需求的用户来说，台式机是更好的选择。

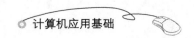

（3）价格方面。

相同配置的笔记本比台式机的价格要高一些，在性价比上，笔记本比不上台式机。所以，在考虑价格因素时，台式机较为占优势。

2）确定购买品牌机还是组装机

目前，市场上台式机主要有两大类：一种是品牌机，另一种就是组装机（也称兼容机）。

（1）品牌机。

品牌机指由具有一定规模和技术实力的计算机厂商生产的有独立品牌的计算机。如联想、戴尔、惠普等都是目前知名的品牌。品牌机出厂前经过了严格的性能测试，其特点是性能稳定，品质有保证，购买方便。

（2）组装机。

组装机是电脑配件销售商根据用户的消费需求与购买意图，将各种计算机配件组合在一起的计算机。组装机的特点是计算机的配置较为灵活、升级方便、性价比略高于品牌机，也可以说，在相同性能的情况下，品牌机的价格要高一些。

对于选择品牌机还是组装机，主要看用户。如果用户是一个计算机初学者，对计算机知识掌握不够深，购买品牌机是很好的选择。如果用户对计算机知识很熟悉，并且打算随时升级自己的计算机，追求较高的性价比，则可以选择组装机。

3. 确定配置，购买新机

小明确定了自己花 4 000 元以内组装台式计算机的购买计划，制定了选购原则：明确需求，够用就好，适当优化。通过太平洋电脑网（www.pconline.com.cn）、中关村在线（www.zol.com.cn）这些资讯网站查询了解了计算机配件的参数和测评结果，确定了自己的配置。

1）CPU

Intel 酷睿 64 位处理器 i5 7500。该 CPU 内置四核心，四线程，主频 3.4 GHz，三级缓存 6 MB。内存控制器为双通道 DDR4 2 400 MHz 或 2 133 MHz。Intel 清晰视频高清晰度技术，可以播放高清电影。

> **说明**
>
> CPU 的选购不应只看 CPU 主频。首先应考虑 CPU 架构，先进的架构在同核心数同频率下实际处理效能也远高于旧架构的 CPU。此外核心数、缓存大小、价格都是需要考虑的因素。

2）主板

华硕 B250G Gaming，Intel B250 芯片组，支持 LGA 1151 接口，提供全输出接口、支持 USB3.0，板载声卡和网卡。

> **说明**
>
> 　　主板的性能主要由主板芯片决定，挑选主板首先要支持所选择的 CPU 的接口。其次看主板芯片组，主板芯片组决定了一块主板的基本性能。此外，主板通常都集成了声卡和网卡、显卡，对于显示性能要求不高的用户可以选择集成显卡的主板。

　　3）内存

　　金士顿 8G DDR4 2400 台式机内存，频率 DDR4 2 400 MHZ。

> **说明**
>
> 　　挑选内存首先看接口，不同技术的内存接口不同，不能通用；其次看容量；再次看频率。内存频率与内存控制器匹配时效率最高，所以选定 CPU 时实际已经决定了内存的最高运行频率。

　　4）硬盘

　　西部数据 WD10EZEX 硬盘。容量 1 T，7 200 转，缓存 64 M，S-ATAⅢ 接口。

> **说明**
>
> 　　选择硬盘主要看容量和缓存大小。有特殊要求的可以选择价格和性能都较高的全固态硬盘。

　　5）显示器

　　飞利浦 247E7QHSB8，24 in 宽屏 LED 液晶显示器。

> **说明**
>
> 　　对于目前流行的液晶显示器主要考虑显示器尺寸、固有分辨率（也称最佳分辨率）、高宽比。对于用电脑玩游戏的用户可以优先考虑响应时间较低的显示器。不用盲目追求亮度和对比度。挑选时可以实际比较下不同型号显示器的显示效果。

　　6）光驱

　　三星 SH - 222BB，22 速串口 DVD 刻录机。

> **说明**
>
> 　　光驱的选购相对简单，由于差价不大，目前主流是直接选购串口 DVD 刻录机。

　　7）机箱和电源

　　酷冷至尊特警430 中塔机箱。配合酷冷至尊战剑400 电源，额定功率350 W。噪声低，静音效果好。

说明

机箱的挑选主要看板材质量和结构设计是否合理。还有前后面板提供的接口种类和位置。电源是一台计算机稳定工作的基础。电源的选择主要看额定功率，注意不是峰值功率。通常全集成的主机选择 250 W 以上的，内部独立配件较多的需要 300 W 以上的电源。对于不会选择电源的用户有一个简单的方法：电源越重越好。

8）键盘鼠标

罗技 MK260 无线光电键鼠套装，使用 2.4 GHz 无线技术。

说明

键盘和鼠标的选择则是看人机工学设计，简单说就是使用是否舒适、操作是否容易。另外，键盘布局和手感也是考虑的内容之一。

9）音箱

漫步者 R201T08，2.1 声道多媒体音箱。

说明

由于通常计算机都没有配备较好的独立声卡，所以音箱和耳机也不用选择太好的，主流的漫步者等业内知名品牌的产品都可以考虑。一般建议寝室内使用者选用耳机。其他的外设则根据实际需要选购。

购买配件的其他注意事项如下。

（1）检查所有配件外包装。检查外包装是否完好，其包装都应是密封完整的。

（2）CPU 如果选盒装的，自己拆盒，观察盒子的外封是否完好，风扇是否为原配，买 Intel 的盒装 CPU 一定要注意，CPU 和风扇是一起质保的，没有风扇，盒装 CPU 也不质保。

（3）内存条如果选择品牌的，一定要看有没有完整包装，有没有防伪标签及 800 电话查询。而且要看内存的金手指有没有划痕，如果有就是上过机器的内存，这种产品不能要。

（4）硬盘除了注意是否与自己要求的型号、转速、缓存一致外，还要注意是否为新包装，正品的代理硬盘都是有外盒包装的，要是没有盒子，那有可能是水货或是散装。

（5）主板与显卡。主板的检查主要查看主板包装盒内配件、光盘是否齐全，主板上处理器和显卡插槽处贴纸是否有被动过的痕迹，显卡要特别注意金手指的地方有没有上过机器的划痕。

（6）显示器，目前大都选择液晶显示器，需要看厂家是否提供坏点保证，坏点是选择 LED 显示器时最应关注的。有的品牌提供无坏点的保证，可选择这些厂家的产品。

4．组装及验机

组装电脑的步骤如下。

组装硬件的一般顺序是先安装电源。将 CPU 和散热器还有内存安装到主板上，然后将主板安装到机箱内。其次安装光驱和硬盘，注意光驱是从前面板外推入机箱内的。再次将机箱内各种线路按照主板说明书连接到位。最后将显示器、键盘、鼠标等外设连接到主机上。安装时需注意：电脑所有接口均有防呆设计，接口不对或方向错误都不能接入，切不可使用蛮力。

验机步骤如下。

1）检查外观

检查整机外壳有无划伤、掉漆的迹象，确保外壳完好无损。检查完毕如果没有问题，则可以进行下面的各项专门检测。

2）接口检查

把 U 盘逐一插在每个 USB 接口上，看系统是否能读出里面的数据，确认每个 USB 接口工作是否正常。至于其他接口的检查：音频输出接口，只需要带上耳塞，听有没有声音就可以了；麦克风接口，则插上一个外置麦克风就可以检查；而 S 端子、1394 接口、VGA 接口、读卡器等，有条件的话可以带上相应的连接线和存储卡进行检查。

3）液晶屏的检测

液晶屏的专项检测主要集中在有无坏点上。可以使用 DisplayX 这个软件检测。这个软件还可以进行呼吸效应、256 级灰度（液晶屏显示效果越好，则 256 级灰度越明显）等测试。除了这些测试之外，DisplayX 最大的特色就是可以间接测试延迟时间。

4）CPU 的检测

CPU 检测工具中，最常见的是 CPU – Z 和英特尔处理器标识实用程序。实用程序软件可以测试出 CPU 的频率、系统总线、缓存、支持的技术、CPUID 数据等，是 Intel 处理器检测的权威软件。

5）芯片组的检测

Intel Chipset Identification Utility，这款软件是 Intel 芯片组检测的权威软件。

6）内存的检测

CPU – Z 软件除了能检测 CPU 之外，还可以对内存的容量、频率、时序进行检测。

7）显卡的检测

对显卡的检测，可以通过 Everestpro 软件来实现，Everestpro 可以检测显卡的显示芯片频率、显存频率、显存位宽等项目，十分全面。

显卡的检测除了要对硬件规格进行检测之外，还要看其实际应用效果，这个可以通过大名鼎鼎的 3Dmark01 软件来进行测试，通过这个测试还能检测整个系统的稳定性，如果不能跑完整个测试，则说明计算机在兼容性或稳定性上存在一些问题。3Dmark01 软件需要安装，整个安装程序比较大，有近 40 MB。

8）硬盘的检测

对于硬盘的检测，可以使用比较专门的软件 HD TUNE 来实现，这款软件能检测的信

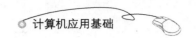

息十分全面，包括硬盘的型号、序列号、容量、传输模式、缓存大小、硬盘温度等，还可以进行"基准检查"，测试出硬盘的实际性能。

9）光驱的检测

光驱的检测也有一个专门的软件 NERO INFOTOOL。NERO INFOTOOL 不仅能检测出光驱的型号、缓存大小、读取或写入速度，还能检测出光驱读取或写入所支持的格式。

10）系统检测

各单项检测完成之后，最后一步就是对整个系统进行检测，可以使用 PCMark07 这个软件，该软件能对 CPU、内存、图形、硬盘、系统进行测试，最后给出一个得分，分数越高则表明系统性能越好。通过这个测试也可以检测整台机器的稳定性以及各配件的综合表现。

5．安装系统软件

有些品牌机购买时已经安装了操作系统，而对于组装的兼容机，则需要自己安装操作系统。将安装光盘放入光驱，可以根据提示步骤，完成安装。安装过程中，需要设置硬盘的分区、系统的管理员密码等重要信息。

6．安装应用软件

根据用户购买计算机的用途，安装所需的应用软件，常见的应用软件有 MS Office 办公套件、压缩软件、杀毒软件等。

360 安全卫士是当前功能较强、效果较好、受用户欢迎的一款上网必备安全软件，使用方便。360 安全卫士拥有查杀木马、清理插件、修复漏洞、电脑体检、木马防火墙等多种功能。依靠抢先侦测和云端鉴别，可全面、智能地拦截各类木马，保护用户的账号、隐私等重要信息。360 安全卫士自身非常轻巧，同时还具备开机加速、垃圾清理等多种系统优化功能，可大大加快计算机运行速度，内含的 360 软件管家还可帮助用户轻松下载、升级和强力卸载各种应用软件。

拓展阅读

1．台式机使用常识

计算机的使用环境和用户的使用习惯对计算机寿命的影响是不可忽视的。计算机理想的工作温度是 10～35℃，温度太高或太低都会影响计算机配件的寿命。其相对湿度是 30%～75%，湿度太高会影响 CPU、显卡等配件的性能发挥，甚至引起一些配件的短路；湿度太低易产生静电，同样对配件的使用不利。另外，空气中灰尘的含量对计算机影响也较大。灰尘太多，天长日久就会腐蚀各配件和芯片的电路板。计算机的使用环境最好保持干净整洁。

有人认为使用计算机的次数少或使用的时间短，就能延长计算机寿命，这是片面、模糊的观点。相反，计算机长时间不用，由于潮湿或灰尘等原因，会引起计算机配件的损坏。当然，如果天气潮湿到一定程度，如显示器或机箱表面有水汽，则绝不能未烘干就给机器通电，以免引起短路等造成不必要的损失。

使用习惯对计算机的寿命影响也很大，用户需要养成以下良好的使用习惯。

（1）开机顺序：先打开外部设备，再打开计算机主机的电源。关机顺序：先关掉主机的电源，再关闭各种外部设备的电源。不要频繁地开关机，开关至少间隔 10 s 以上。

（2）正在对硬盘读写时不能关掉电源。硬盘进行读写时，处于高速旋转状态中，此时突然关掉电源，将导致磁头与盘片猛烈摩擦，从而损坏硬盘。所以在关机时，一定要注意面板上的硬盘指示灯，确保硬盘完成读写之后再关机。

（3）系统非正常退出或意外断电后，应尽量进行硬盘扫描，及时修复错误。因为在这种情况下，硬盘的某些簇链接会丢失，给系统造成潜在的危险，如不及时修复，会导致某些程序紊乱，甚至危及系统的稳定运行。

（4）为了能让电脑长期正常工作，用户最好学习打开机箱进行电脑维护。当然，如果没有把握，还是交给专业人员每年进行一次清洁，对于部分品牌机，如果说明书中申明保修期内不得随意拆封机箱，就不要打开机箱，否则是不予保修的。

（5）避免光盘久置光驱。只要光盘置于光驱内，光驱就会使其高速旋转，即使不读盘也不会停下来，这样一方面光驱的机械磨损较大，另一方面高速旋转的光盘受到任何冲击都可能导致数据的永久性损坏乃至整个盘片的变形，所以危害甚大。其解决方法就是在不使用光盘时尽量不要将光盘置于光驱内，现在大容量硬盘已逐渐普及，对于经常使用的光盘可将其内容拷贝到硬盘上。

（6）光驱的正确使用。光驱磁头在读取视频文件（如播放电影）时，会很"劳神费力"。若情况允许，建议用户把文件拷贝到硬盘上播放，这样，在保护光驱的同时更可流畅观看电影，一举两得。同时，在机器读完光盘后，请取出光盘，如将光盘留在光驱中，每次开机光驱都会对光盘进行读写操作，加快磁头老化，减少有效读写次数。

（7）定期清理计算机垃圾文件，加快使用速度。

（8）定期对重要数据进行备份，以免系统损坏时，丢失重要数据。

（9）电源要良好接电，以免静电对计算机带来不必要的损害。

2. 笔记本电脑使用常识

（1）机器进水如何处理。预防为主，让笔记本和水杯保持安全距离。键盘的防水设计只在一定程度上有用，如不小心让液体进入笔记本，需立即关机，如主机正在运行可强行断电。在确认机器内液体完全干燥前，千万不要再开机或启动电源，尽最大努力避免机器因主板短路而损毁。毕竟，主板作为机器的核心部件，价值也是最高的。

（2）电池的正确使用与保养。原装电池在出厂时已进行激活，用户可直接常态使用。使用过程中一个星期可做两次满充满放，若在固定地点长时间使用外置电源，可把电池卸下，以减少不必要的充电损耗。如长期不使用备用电池，建议将电池充电到 50% 左右后取下保存，并在存放两个月左右充放一次电。满充是指持续不开机充电 8 小时左右，满放是指持续不用外接电源使用到电脑无法开机为止。这样可延长电池的使用寿命。

（3）主机内电脑风扇的清理。笔记本电脑的散热设计一般都比较先进和精妙，应保持散热口畅通，机内不容易积灰尘。一般一年清理一次即可。需要说明的是，从爱护机器的角度出发，应尽可能避免在湿度大、烟尘大、电磁干扰严重的地方使用。

（4）笔记本 LED 屏的维护。笔记本电脑要避免意外挤压，屏一旦开裂、漏液，将很

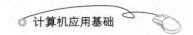

难维修，大都只能更换，价格较高，所以使用过程中一定要注意。LED 屏的表面清洁应使用专业的除污剂和织物，避免酸性物质和油脂类物质接触屏幕。

（5）为了保护硬盘和重要数据，应避免在硬盘高速工作时，剧烈晃动笔记本。因为笔记本的硬盘有机械部件，开机时硬盘会高速运转，在使用中尽量不要移动主机，以减少对硬盘的损害。

（6）较为频繁地移动使用中的笔记本时，要避免碰撞，要使用合适的外套对笔记本进行保护，比如使用合适的笔记本包或者内胆包。经常检查外壳螺丝，确保严丝合缝。

课后练习

一、选择题

1. 十进制数 101 转换成二进制数是_____。

    A. 01101001   B. 01100101   C. 01100111   D. 01100110

2. 目前微机中广泛采用的电子元器件是_____。

    A. 电子管   B. 晶体管

    C. 小规模集成电路   D. 大规模和超大规模集成电路

3. 下列关于世界上第一台电子计算机 ENIAC 的叙述中，_____是不正确的。

    A. ENIAC 是 1946 年在美国诞生的

    B. 它主要采用电子管和继电器

    C. 它首次采用存储程序和程序控制使计算机自动工作

    D. 它主要用于弹道计算

4. 下列存储器中，属于外部存储器的是_____。

    A. ROM   B. RAM   C. Cache   D. 硬盘

5. 对计算机软件正确的态度是_____。

    A. 计算机软件不需要保护   B. 计算机软件只要能得到就不必购买

    C. 计算机软件可以随便复制   D. 软件受法律保护，不能随意盗版

6. 微型计算机的主机由 CPU，_____构成。

    A. RAM   B. RAM、ROM 和硬盘

    C. RAM 和 ROM   D. 硬盘和显示器

7. 下列存储器中，属于内部存储器的是_____。

    A. CD – ROM   B. ROM   C. 软盘   D. 硬盘

8. 1 MB 的准确数量是_____。

    A. 1 024 × 1 024 Words   B. 1 024 × 1 024 Bytes

    C. 1 000 × 1 000 Bytes   D. 1 000 × 1 000 Words

9. 在计算机内部用来传送、存储、加工处理的数据或指令都是以_____形式进行的。

A. 十进制码   B. 二进制码   C. 八进制码   D. 十六进制码

10. 磁盘上的磁道是_____。

     A. 一组记录密度不同的同心圆   B. 一组记录密度相同的同心圆

     C. 一条阿基米德螺旋线   D. 两条阿基米德螺旋线

11. 已知字符 A 的 ASCII 码是 01000001B，字符 D 的 ASCII 码是_____。

     A. 01000011B   B. 01000100B   C. 01000010B   D. 01000111B

12. 编译程序的最终目标是_____。

     A. 发现源程序中的语法错误

     B. 改正源程序中的语法错误

     C. 将源程序编译成目标程序

     D. 将某一高级语言程序翻译成另一高级语言

13. 下列存储器中，存取速度最快的是_____。

     A. 固定硬盘   B. 移动硬盘   C. 光盘   D. 内存

14. 组成计算机系统的两大部分是_____。

     A. 主机和外部设备   B. 硬件系统和软件系统

     C. 系统软件和应用软件   D. 内部存储器和辅助存储器

15. 以 .rmvb 为扩展名的文件通常是_____。

     A. 音频文件   B. 视频文件   C. 图像文件   D. 文本文件

16. 与高级语言相比，汇编语言编写的程序通常_____。

     A. 更容易读懂   B. 更容易编写   C. 移植性更好   D. 执行效率更高

二、数制转换练习题

1. 将下列二进制数转为十进制数要求写出步骤。

    （1）10111B   （2）10001B   （3）1110B

2. 将下列十进制数转为二进制数。要求写出步骤。

    （1）56   （2）109   （3）45

三、问答题

1. 描述计算机的主要组成部分并说出其内部的逻辑关系。

2. 试说明控制器在计算机中所起的作用。

3. 计算机软件分为哪两种？它们各自的功能是什么？

4. 多媒体技术包括的主要设备有哪些？

5. 说说计算机病毒的特点。

第 2 章 Windows 7 操作系统的使用

学习内容

（1）操作系统的基本概念、功能、组成和分类。

（2）Windows 操作系统的基本操作和应用。

学习目标

理论目标：

掌握 Windows 操作系统的基本概念和常用术语，如文件、文件名、文件夹、目录、目录树和路径等。

技能目标：

掌握 Windows "开始"按钮、任务栏、菜单、图标、窗口、对话框等的操作；掌握资源管理系统"我的电脑"或"资源管理器"的操作与应用；掌握文件和文件夹的创建、移动、复制、删除、重命名、查找、打印和属性设置；掌握快捷方式的设置和使用；掌握中文输入法的安装、删除和选用。

2.1 认识操作系统

操作系统（Operating System，OS）是最基本、最重要的系统软件。它的任务是控制其他程序运行，管理系统资源并为用户提供操作界面，如管理与配置内存、决定系统资源供需的优先次序、控制输入与输出设备、操作网络与管理文件系统等。

2.1.1 操作系统的功能

操作系统的主要功能包括 5 大部分：CPU 管理、存储管理、文件管理、设备管理和作业管理。

1. CPU 管理

CPU 管理是指对处理器分配调度策略、分配实施和资源回收等方面的管理。它为每个程序分配一个优先数，优先数大的程序总是优先占用 CPU；采用一定的调度方法，使各个终端按一定的时间片轮转方式轮流占用 CPU。

2. 存储管理

存储管理是对内部存储器进行分配、存储保护和内存扩充，为每个程序分配足够的存储空间。

3. 文件管理

文件管理是对系统软件资源的管理，包括对信息资源的管理、共享、保密和保护，向用户提供有关文件的建立、删除、读取或写入信息方面的服务。

4. 设备管理

设备管理是对通道、控制器、输入输出设备的分配管理。比如，控制外部设备的操作以及在多个作业间分配设备。它保证了设备的使用效率。

5. 作业管理（用户接口）

作业管理即向用户提供一个友好的接口，为用户服务。操作系统提供给终端用户的接口为命令接口，用户可利用它使用系统的功能。

2.1.2　操作系统的分类

根据使用环境的不同和功能特点的差别，操作系统一般可分为三种基本类型，即批处理操作系统、分时操作系统和实时操作系统。近年来，随着计算机体系结构的发展，许多新的操作系统相继出现，如嵌入式操作系统、个人计算机操作系统、网络操作系统和分布式操作系统等。

1. 批处理操作系统

批处理操作系统的工作方式是：用户将作业交给系统操作员，系统操作员将许多用户的作业组成一批作业，之后输入计算机中，在系统中形成一个自动转接的连续的作业流，然后启动操作系统，系统自动、依次执行每个作业。最后由操作员将作业结果交给用户。批处理操作系统的特点是：多道和成批处理。

2. 分时操作系统

分时操作系统的工作方式是：一台主机连接若干个终端，每个终端有一个用户在使用。用户交互式地向系统提出命令请求，系统接受每个用户的命令，采用时间片轮转方式处理服务请求，并通过交互方式在终端上向用户显示结果。用户根据上一步的结果发出下一道命令。

分时操作系统将 CPU 的时间划分成若干个片段，称为时间片。操作系统以时间片为单位，轮流为每个终端用户服务。每个用户轮流使用一个时间片以使他们不会发现其他用户的存在。分时系统具有多路性、交互性、独占性和及时性的特征。

（1）多路性指同时有多个用户使用同一台计算机，整体上看是多个人同时使用一个CPU，实际上是多个人在不同时刻轮流使用 CPU。

（2）交互性是指用户根据系统响应结果进一步提出新请求。

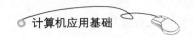

（3）独占性是指用户感觉不到有其他人也在使用计算机，就像整个系统为他所独占。

（4）及时性指系统对用户提出的请求及时响应。

3．实时操作系统

实时操作系统是指使计算机能够及时响应外部事件的请求，并在规定的严格的时间内完成对该事件的处理的操作系统。它的主要特点是控制所有实时设备和实时任务协调一致地工作。实时操作系统追求的目标是：对外部请求在严格的时间范围内做出反应，有高可靠性和完整性。

4．嵌入式操作系统

嵌入式操作系统是运行在嵌入式系统环境中，对整个嵌入式系统以及它所操作、控制的各种部件装置等资源进行统一协调、调度、指挥和控制的系统软件。

5．个人计算机操作系统

个人计算机操作系统是一种单用户多任务的操作系统。个人计算机操作系统主要供个人使用。它的特点是功能强、价格低廉，几乎可以在任何地方安装使用。它能满足一般人操作、学习、游戏等方面的需求。个人计算机操作系统在某一时间内为单个用户服务；采用图形界面人机交互的工作方式，界面友好，使用方便。

6．网络操作系统

网络操作系统是基于计算机网络环境的操作系统，是在各种计算机操作系统上按网络体系结构协议标准开发的软件，包括网络管理、通信、安全、资源共享和各种网络应用。其目标是相互通信及资源共享。

7．分布式操作系统

大量的计算机通过网络被连接在一起，可以获得极高的运算能力及广泛的数据共享。这种系统被称作分布式操作系统。

2.2 Windows 7 使用基础

Windows 7 操作系统是一个多用户、多任务操作系统。它具有图形化的操作界面，一致的操作方式，多任务处理技术，即插即用技术，网络支持，多媒体支持，稳定性和易用性高等众多优点。

Windows 7 的基本元素包括：桌面、窗口、对话框和菜单。

2.2.1 桌面

桌面（Desktop）是指屏幕工作区，Windows 7 启动后的屏幕画面就是桌面。桌面上放置许多图标，其中有系统自带的，也有在该平台下安装的程序的快捷方式，就如同摆放了各种各样办公用具的桌子一样，所以将它形象地称为桌面，如图 2−1 所示。Windows 7 的桌面由桌面图标、任务栏、语言栏 3 部分组成。

图 2−1　Windows 7 的桌面

1. 桌面图标

桌面图标是 Windows 桌面上的小图像。不同的图标代表不同的含义：有的代表应用程序，有的代表文件，有的代表快捷方式。如 "我的电脑" "我的文档" "网上邻居" "回收站" 等。启动应用程序或打开文档，就是用鼠标双击对应的图标来完成的。

2. 任务栏

任务栏是桌面底部长条部分，它由开始菜单、快捷按钮栏、窗口切换区和系统提示区组成，主要用于显示或切换当前执行的程序。"开始" 菜单是位于任务栏最左端的一个级联式菜单，是 Windows 7 的应用程序入口。若要启动程序、打开文档、改变系统设置、查找特定信息等，都可在 "开始" 菜单中选择特定的命令来完成。

3. 语言栏

语言栏是一个浮动的工具条，单击语言栏上的键盘小图标，可以选择相应的输入法。

2.2.2　窗口

窗口是屏幕中可见的矩形区域。大多数窗口都会有一些共同的元素和操作方法。Windows 7 的主要操作是在系统提供的不同窗口中进行的。其中包括程序窗口、对话窗口、文件夹窗口。本节只介绍 Windows 7 的文件夹窗口，其他几种窗口将会在后续的章节中陆续介绍。文件夹窗口包含以下元素，如图 2−2 所示。

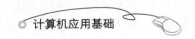

图 2-2　Windows 7 文件夹窗口

1. 菜单栏

菜单栏位于标题栏下方。菜单中的每一项都对应着一些相应的操作命令。用鼠标单击菜单项（或按 Alt + 菜单名右侧带下划线的字母）可打开下拉菜单，从中选择要操作的命令。

2. 地址栏

地址栏中可以显示选中对象在计算机存储中的物理位置。

3. 边框

组成窗口的边线称为窗口的边框，拖动边框可以改变窗口的大小。

4. 滚动条

当窗口内的信息在垂直方向的长度超过工作区时，便出现垂直滚动条，通过单击滚动箭头或拖动滚动块可控制工作区中的内容上下滚动；当窗口内的信息在水平方向的宽度超过工作区时，便出现水平滚动条，通过单击滚动箭头或拖动滚动块可控制工作区中的内容左右滚动。

5. 状态栏

状态栏位于窗口底部，显示应用程序的有关状态和操作提示。

2.2.3　对话框

对话框是系统和用户之间交互的界面，是窗口的一种特殊形式，它没有菜单栏，没有"最大化""最小化"按钮，只有"确定""取消""应用"等带有选择性的按钮，并且不能改变其大小。当 Windows 系统需要从用户那里得到更多信息时，就会显示一个"对话框"，如图 2-3 所示。

图 2-3　对话框

2.2.4　菜单

菜单是提供一组相关命令的清单。Windows 7 的大部分命令都是通过菜单来完成的。菜单有以下三种。

1. "开始"菜单

"开始"菜单是通过单击"开始"按钮弹出的菜单，如图 2-4 所示。

图 2-4　开始菜单

2. 窗口菜单

窗口菜单是文件夹窗口和应用程序窗口所包含的菜单，为用户提供应用中可执行的命令。通常以菜单栏形式提供。当用户单击其中一个菜单项时，系统就会弹出一个相应的下

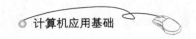

拉菜单，如图 2-5 所示。

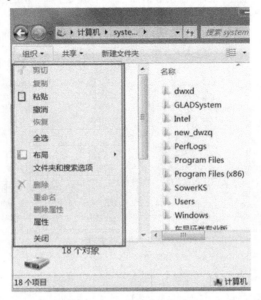

图 2-5　文件夹窗口菜单

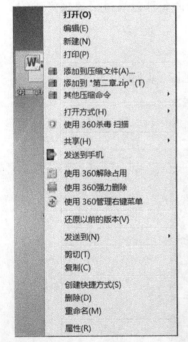

图 2-6　快捷菜单

3．快捷菜单

当用鼠标右键单击某个对象时，就可以弹出一个可对该对象操作的菜单，称为快捷菜单。右击的对象不同，系统所弹出的菜单也不同，如图 2-6 所示是一个 Word 文件的快捷菜单。

2.3　任务一：文件及文件夹管理

【任务描述】

小明买回了新计算机，安装好了操作系统和各种应用软件，开始使用他的新计算机。他下载了很多好看的电影、好听的音乐、漂亮的图片，当然还有一些作业和实验报告。如果将所有的这些资料杂乱无章地放在一起，不但会给操作带来困难，而且很容易因为管理混乱而造成误操作。所以，需要将这些文件分类存放，并对重要的文件进行备份。

【任务分析】

Windows 7 中，有两种方法可以用来方便地管理电脑中的资源，一个是使用"资源管理器"，一个是使用"我的电脑"。有了它们，用户可以非常方便地对磁盘文件及文件夹进行各种操作，如复制、移动、删除和搜索等。本次任务中将学习"资源管理器"的使用方法。

【任务相关】

1. 资源管理器

"资源管理器"和"计算机"都是 Windows 系统提供的资源管理工具，可以用它查看存放在计算机里的所有资源，特别是"资源管理器"提供的树形文件系统结构，使我们能更清楚、更直观地认识计算机的文件和文件夹，这是"我的电脑"所没有的。在实际的使用功能上，"资源管理器"和"计算机"没有什么不同，两者都是用来管理系统资源的，也可以说都是用来管理文件的，可以对文件进行各种操作，如打开、复制、移动等。

2. 盘符

每台计算机上都可以配置多个硬盘或光盘驱动器，硬盘又可以分为几个区。不同的区用不同的盘符来区别。

通常情况下，硬盘分别用"C:""D:""E:"等作为盘符。光盘的编号紧接着硬盘的最后一个编号。

3. 文件和文件夹

文件是存储在磁盘上的程序或文档，根据类型的不同，文件会以不同的图片显示。

计算机中的文件成千上万，为了便于管理，通常把同类的或者相关的文件集中在一起并存放在同一个文件夹中。所以，文件夹是一组同类文件或相关文件的集合。

当一个文件夹中包含的文件太多时，可以在这个文件夹内部再建立若干个子文件夹，把这些文件分类存放到这些子文件夹中。

文件或文件夹命名的规则如下。

（1）文件名或文件夹名，最多可以由 255 个字符构成，其中包含驱动器和完整路径信息，所以用户实际使用的字符少于 255 个。

（2）文件名和文件夹名中不能使用的字符有：\ 、/、:、* 、?、"、<、>、| 。

（3）文件名中不区分英文大小写字母。也就是说"a1"和"A1"是同一个文件名。

（4）文件名和文件夹名中可以使用汉字。

4. 对象的复制、移动及删除

文件或文件夹的复制和移动是文件管理中最常用的操作。

复制操作指的是：将一个对象做一份拷贝，放到另一个位置，也可以和原来的对象放在同样的位置。复制操作执行完毕后，原来的对象保持不变。

移动操作指的是：将一个对象，从原来的位置挪到另一个位置。移动操作执行完毕后，原来的位置就不存在这个对象了。

当一个文件或者文件夹已经没有任何作用时，就应该将它删除，以节省空间。

5. 回收站

电脑上被删除的对象由回收站来收集。当发现有用的对象被误删时，可以到回收站中，把误删的对象还原到原先的位置。这就为资源的管理提供了安全的保障。

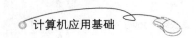

6. 查看与设置文件的属性

每个文件都有文件属性，用户可以自己设定文件的属性，目的是限定对文件的操作。

7. 快捷方式

快捷方式就是对一些经常使用的程序、文档、文件夹等，创建一个访问的快捷图标，通过双击该图标，可以快速打开该对象。快捷方式实际上是源对象的一个映像文件。

8. 资源的搜索

Windows 7 提供的搜索工具，可以方便用户根据少量的信息，搜索到需要的文件或文件夹。

【基本操作】

2.3.1 打开资源管理器

在 Windows 7 中，有两种方法可以打开资源管理器。

方法一：单击任务栏上的"开始"菜单，从"所有程序"→"附件"中选择"Windows 资源管理器"命令。

方法二：在"开始"按钮上单击鼠标右键，从弹出的快捷菜单中选择"打开 Windows 资源管理器"命令。

打开"资源管理器"后，可以看到一个窗口，如图 2－7 所示，这就是"资源管理器"的操作环境。

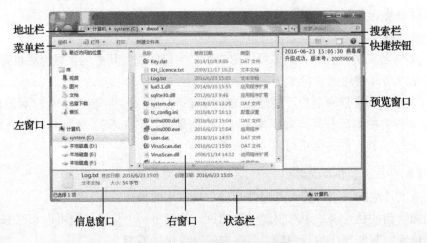

图 2-7　Windows 资源管理器

"资源管理器"窗口与"计算机"窗口相似，包括菜单栏、地址栏、左窗口、右窗口、状态栏和预览窗口等几部分。"资源管理器"也是窗口，其各组成部分与一般窗口大同小异，特别的窗口包括文件夹窗口和文件夹内容窗口。左边的文件夹窗口以树形目录的形式显示文件夹，右边的文件夹内容窗口是左边窗口中所打开的文件夹中的内容。

2.3.2　使用"资源管理器"对文件和文件夹进行管理

经常使用的文件和文件夹的操作有以下几种。

1. 文件和文件夹的选择

要对文件或文件夹进行复制、移动或删除操作，首先要选定对象。选定一个对象，直接用鼠标左键单击即可，选择多个对象则分为以下几种情况。

1）多个连续对象的选定

方法：单击第一个对象，按住 Shift 键的同时，单击最后一个对象。

2）多个不连续对象的选定

方法：按住 Ctrl 键的同时，单击任意多个不连续的对象。

3）全部选定

方法：在菜单栏中选择"编辑"→"全部选定"命令，或者按 Ctrl + A 组合键，即可。

2. 文件和文件夹的新建

方法：首先选择需要新建文件或文件夹的位置，然后在右窗口空白处单击鼠标右键，选择"新建"，再选择"文件夹"或者某个类型的文件即可。

比如，我们在 E 盘根目录下新建一个名为"论文"的文件夹，再在该文件夹中，新建一个名为"毕业论文"的 word 文档。步骤如下。

（1）打开资源管理器，在左窗口的 E 盘上单击鼠标右键，如图 2 - 8（a）所示。

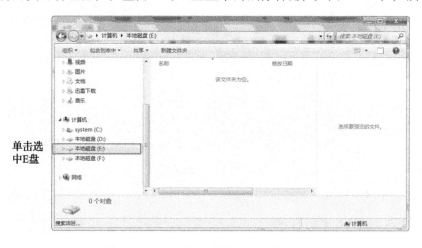

图 2 - 8（a）　在资源管理器中选择 E 盘

（2）在右窗口的空白处单击鼠标右键，在弹出的快捷菜单中选择"新建"→"文件夹"命令，如图 2 - 8（b）所示。

（3）此时窗口中出现一个新的文件夹，输入名称"论文"，然后按回车键。

（4）打开刚刚新建的文件夹"论文"，在窗口空白处单击鼠标右键，选择"新建"→"Microsoft Word 文档"命令，输入文件名，然后按回车键，如图 2 - 8（c）所示。

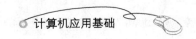

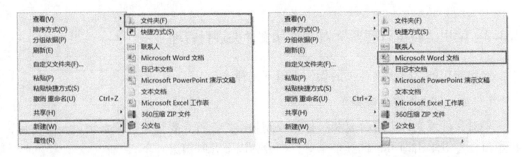

图 2-8（b）　新建文件夹　　　　　　图 2-8（c）　新建 Word 文件

3．文件和文件夹的重命名

刚刚新建的文件或文件夹可以直接命名。如果已经命名过了，也可以重新命名，步骤如下。

（1）在文件或文件夹图标上单击鼠标右键，选择"重命名"命令，如图 2-9 所示。

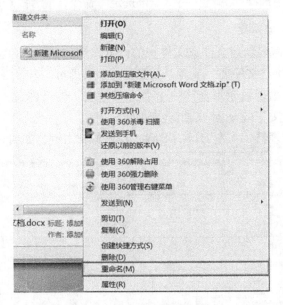

图 2-9　文件的重命名

（2）输入新的文件名，然后按回车键。

4．文件和文件夹的复制和移动

1）复制对象的方法一。

（1）选择需要复制的对象。

（2）选择"组织"菜单中的"复制"命令，如图 2-10（a）所示，也可以按下 Ctrl+C组合键。

（3）在"资源管理器"或"计算机"中找到目标位置。

（4）选择"组织"菜单中的"粘贴"命令，如图 2-10（b）所示，也可以按下 Ctrl+V组合键。

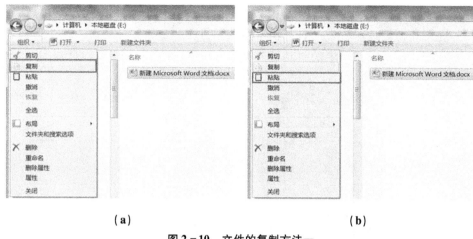

（a）　　　　　　　　　　　　　　　（b）

图 2-10　文件的复制方法一

（a）选择"复制"命令　　（b）选择"粘贴"命令

2）复制对象的方法二

（1）找到需要复制的对象，在对象图标上单击鼠标右键，在弹出的快捷菜单上选择"复制（C）"命令，如图 2-11（a）所示。

（2）在"资源管理器"或"计算机"中找到目标位置。

（3）在窗口的空白处单击鼠标右键，在弹出的快捷菜单上选择"粘贴（P）"命令，如图 2-11（b）所示。

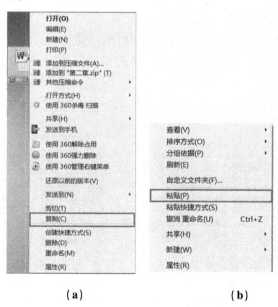

（a）　　　　　　　　　　（b）

图 2-11　文件的复制方法二

（a）选择"复制（C）"命令　　（b）选择"粘贴（P）"命令

3）移动对象的方法一

（1）选择需要移动的对象。

（2）选择"组织"菜单中的"剪切"命令，如图 2-12（a）所示，也可以按下

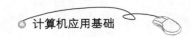

Ctrl + X 组合键。

(3) 在"资源管理器"或"计算机"中找到目标位置。

(4) 选择"组织"菜单中的"粘贴"命令，也可以按下 Ctrl + V 组合键。

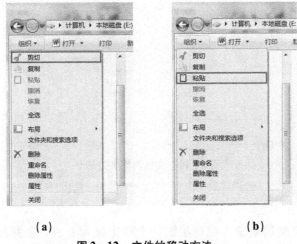

图 2 - 12　文件的移动方法一

(a) 选择"剪切"命令　　(b) 选择"粘贴"命令

4) 移动对象的方法二

(1) 找到需要移动的对象，在对象图标上单击鼠标右键，在弹出的快捷菜单上选择"剪切（T）"命令，如图 2 - 13 (a) 所示。

(2) 在"资源管理器"或"计算机"中找到目标位置。

(3) 在窗口的空白处单击鼠标右键，在弹出的快捷菜单上选择"粘贴（P）"命令，如图2 - 13 (b) 所示。

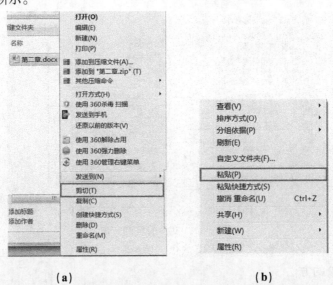

图 2 - 13　文件的移动方法二

(a) 选择"剪切（T）"命令　　(b) 选择"粘贴（P）"命令

5．文件和文件夹的删除

磁盘中的文件或文件夹不再需要时，可将它们删除以释放磁盘空间，方法如下。

（1）找到需要删除的对象，在对象图标上单击鼠标右键，在弹出的快捷菜单上选择"删除"命令，如图 2 - 14 所示。

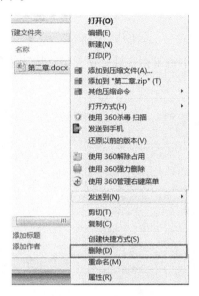

图 2 - 14　文件的删除

（2）在弹出的"删除文件"对话框中，单击"是"按钮，可将选定的文件或文件夹移动到回收站（U 盘中的文件或文件夹则将直接删除），如图 2 - 15 所示。

图 2 - 15　将文件移动至回收站对话框

注意

　　如果要将选定的文件或文件夹不经过回收站而直接删除，可在删除前先按住 Shift 键，再单击"删除"，在弹出的对话框中单击"是"按钮即可（或按 Shift + Del 键）。

2.3.3　回收站的使用

为防止误操作，Windows 设立了一个特殊的文件夹——"回收站"，在删除文件或文

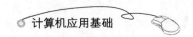

件夹时，一般情况下，系统先将删除的文件或文件夹移动到"回收站"（只对硬盘有效），一旦误操作，还可以从"回收站"中恢复被误删的文件或文件夹。

1. 对象的还原

（1）在桌面上双击回收站图标，打开"回收站"，在"回收站"窗口中选择要还原的文件或文件夹。

（2）在菜单栏中选择"组织"→"撤销"命令，或者在回收站工具栏中单击"还原此项"命令，或者在选定项目上单击鼠标右键，在弹出的快捷菜单中选择"还原"命令，如图 2-16 所示。

图 2-16　从回收站还原文件

2. 清理回收站

（1）在"回收站"窗口中选择要清理的项目。

（2）在菜单栏中选择"组织"→"删除"命令，或者在选定项目上单击鼠标右键，在弹出的快捷菜单中选择"删除"命令，如图 2-17 所示。

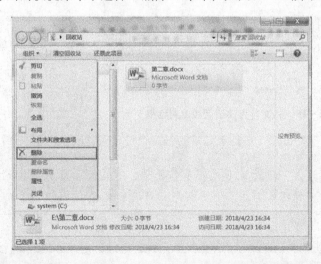
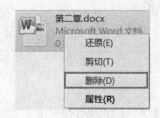

图 2-17　从回收站删除文件

注意

在回收站菜单栏上有两个命令，一个是"清空回收站"，可以一次性清空所有内容；另一个是"还原所有项目"，可以一次性还原所有内容。要一次性还原所有内容，必须是在不选中回收站中的任何一个对象的情况下。

2.3.4　查看与设置文件的属性

每个文件都有文件属性，设定文件的属性的目的是限定用户对文件的操作。

1. Windows 7 文件（或文件夹）的属性

（1）只读：只能读其内容，不能修改。

（2）隐藏：使文件和文件夹不可见。

（3）存档：如果文件（或文件夹）在最近一次备份后又被修改过，有恢复该文件（或文件夹）的属性记号。

2. 设定文件的属性

（1）选择所要设定某种属性的文件。在"组织"菜单中选择"属性"命令，或者在文件图标上单击鼠标右键，在弹出的快捷菜单中选择"属性"命令，则弹出"属性"对话框。

（2）选中所要设定的属性选项，然后单击"确定"按钮，如图 2-18 所示。

（a）　　　　　　　　　　　　　　（b）

图 2-18　文件属性的设置

（a）选择"属性"命令　　（b）"属性"对话框

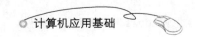

如果需要查看被隐藏的文件或文件夹，操作步骤如下。

（1）在"组织"菜单中选择"文件夹和搜索选项"命令，如图 2-19（a）所示。

（2）在打开的"文件夹选项"对话框中选择"查看"选项卡，在高级设置列表框中找到"隐藏文件和文件夹"这一项，单击"显示隐藏的文件、文件夹和驱动器"，如图 2-19（b)所示，然后单击"确定"按钮。

（a）   （b）

图 2-19　查看隐藏的文件或文件夹

（a）选择"文件夹和搜索选项"命令　（b）"文件夹选项"对话框

另外，隐藏已知文件的扩展名，也在"文件夹选项"的"查看"选项卡中设置，如图 2-20 所示。

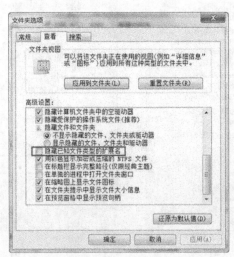

图 2-20　隐藏已知文件类型的扩展名

2.3.5　创建快捷方式

对于需要经常访问的对象，可以在桌面上建立一个快捷方式，双击这个快捷方式就可以打开这个对象，省去了反复访问某一路径的过程。创建快捷方式的方法如下。

1）选择需要创建快捷方式的对象。

2）在菜单栏中选择"文件"→"发送到"→"桌面快捷方式"命令；或者在选定对象上单击鼠标右键，在弹出的快捷菜单中选择"发送到"→"桌面快捷方式"命令，如图 2-21 所示。

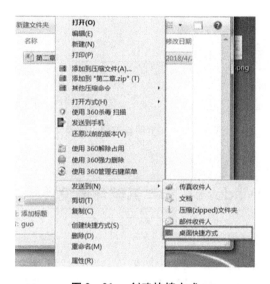

图 2-21　创建快捷方式

2.3.6　资源的搜索

当用户遗忘了某个文件存放的位置时，可以使用搜索工具。Windows 提供了功能强大的搜索工具，能把搜索到的文件、文件夹等集中在同一个窗口中，操作简单方便。方法如下。

方法一：单击任务栏上的"开始"按钮打开"开始"菜单，在"搜索程序和文件"栏中输入需要查找的程序或者文件名，如图 2-22 所示。

图 2-22　在开始菜单中搜索文件

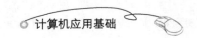

方法二：打开"资源管理器"或者"计算机"窗口，确定搜索的路径后，在搜索栏里输入需要查找的文件名，如图 2 - 23 所示。

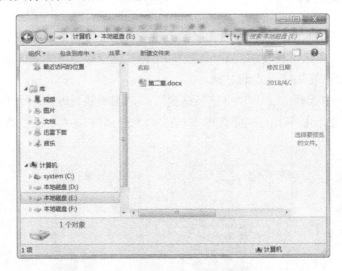

图 2 - 23　在资源管理器中搜索文件

2.4　任务二：Windows 7 操作系统环境设置

【任务描述】

随着使用计算机的时间越来越长，小明的计算机操作也越来越熟练，同时也发现了越来越多的问题。比如，看到同学的计算机桌面图片很漂亮，屏保动画也很有趣，自己也想设置喜欢的桌面和屏保，应该如何设置呢？另外，他还发现桌面的图像文字会因为某些设置而产生不同的效果，这又是怎么回事呢？当发现任务栏右边显示的时间与标准时间不一致的时候，该如何调整计算机的时间？带着这些有趣的问题，小明又开始了进一步的学习。

【任务分析】

为了更方便地使用操作系统，我们要对它的某些环境参数进行调整和设置。比如：键盘鼠标的属性设置、添加或删除程序、日期与时间的设置、汉字输入法的设置、对显示属性的设置、整理磁盘碎片等。

【基本操作】

2.4.1　控制面板的使用

"控制面板"是用来对系统进行设置的工具集。用户可以根据自己的爱好，更改显示器、键盘、鼠标等的设置，以便能更有效地使用它们。

打开控制面板的方法：单击"开始菜单"→"控制面板"，如图 2 - 24 所示。

图 2 - 24　打开控制面板

2.4.2　设置鼠标与键盘的属性

通常，人们都喜欢对鼠标、键盘等设备进行设置，应如何操作呢？键盘和鼠标是当前计算机最常用的两种输入设备。下面分别介绍键盘和鼠标的设置。

无论是要设置键盘属性、鼠标属性或者其他硬件属性，首先要在"控制面板"窗口中单击需要设置的硬件图标，如图 2 - 25 所示。

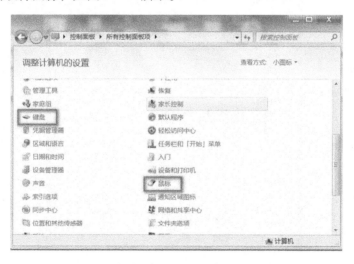

图 2 - 25　设置硬件属性

双击"键盘"图标，打开"键盘属性"对话框，如图 2 - 26 所示。在此可以对键盘进行设置，"速度"选项卡主要用于设置出现字符重复的延缓时间、重复速度和光标闪烁频率。

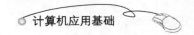

图2-26　"键盘属性"对话框

双击"鼠标"图标，出现如图2-27所示的"鼠标属性"对话框。在"鼠标键""指针""指针选项"和"滑轮"四个选项卡中，可以调整鼠标器的左右手型、双击速度、指针大小及形状和它的移动速度以及鼠标的指针轨迹等。调整完双击速度后，可以在测试区域中实际测试双击的速度。

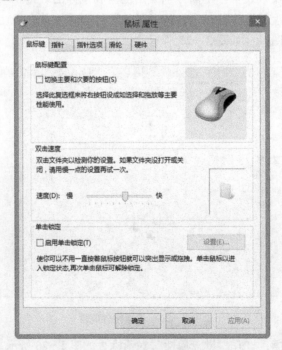

图2-27　"鼠标属性"对话框

2.4.3　添加和删除程序

Windows 7 提供了运行诸多应用程序的基础,如字处理、电子表格和图形处理等。然而这些应用程序并没有包含在 Windows 7 操作系统中。用户可以根据需要,单独购买并安装新的应用程序,在不需要应用程序的时候随时可以删除,以节省空间。

"添加/删除程序"可以帮助用户管理计算机中的程序和组件。可以使用用户项功能从光盘、软盘或网络添加程序(例如 Microsoft Excel 或 Word)。"添加/删除程序"也可以帮助用户添加或删除在初始安装时没有选择的 Windows 组件(例如,网络服务)。

用户可以从"控制面板"中双击"程序和功能"图标,如图 2-28 所示。

图 2-28　"程序和功能"图标

打开"程序和功能"窗口,如图 2-29 所示。

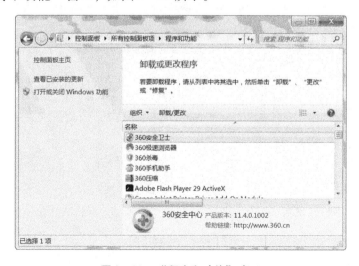

图 2-29　"程序和功能"窗口

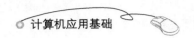

1. 打开/关闭 Windows 功能

在如图 2 – 30 所示的窗口中单击"打开或关闭 Windows 功能"按钮，在打开的"Windows 功能"窗口中，可以通过复选框添加或者关闭 Windows 功能，如图 2 – 30 所示。

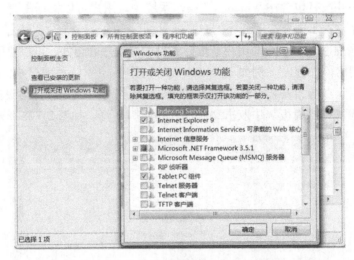

图 2 – 30　"Windows 功能"窗口

2. 删除程序

在计算机的使用过程中，可能需要删除不用的程序，而应用程序又往往向 Windows 文件夹中复制许多文件，如果仅手动删除文件夹或者快捷方式，将会在 Windows 7 系统文件中留下无用的文件，Windows 7 提供的删除程序功能可以很好地解决这个问题，在"程序和功能"窗口中，选择好需要删除的程序，然后单击"卸载"按钮，如图 2 – 31 所示。

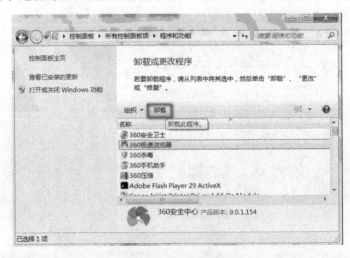

图 2 – 31　卸载程序窗口

2.4.4　日期时间的设置

从"控制面板"中选择"日期和时间",或者单击桌面底部的任务栏最右端的时间显示区,再单击"更改日期和时间设置",都可以打开"日期和时间"对话框,如图 2-32 所示。

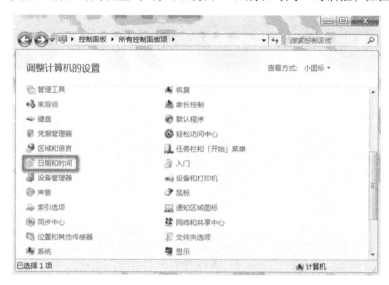

图 2-32　"日期和时间"对话框

在"日期和时间"对话框中,单击"更改日期和时间"按钮即可进行设置,如图 2-33 所示。

图 2-33　修改日期和时间

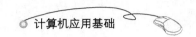
2.4.5 设置输入法

Windows 7 系统提供了许多中文输入法，如微软拼音输入法、微软拼音 ABC 输入法等。我们也可以根据自己的需要和喜好安装输入法，或者删除不需要的输入法。要安装新的输入法，应执行如下操作。

（1）在控制面板中，双击"区域和语言"图标，如图 2-34 所示。

图 2-34　"区域和语言"图标

（2）在"区域和语言"对话框中，单击"更改键盘"按钮，如图 2-35 所示。

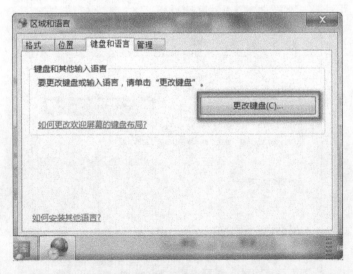

图 2-35　"区域和语言"对话框

（3）在"文本服务和输入语言"对话框中，单击"添加"按钮，可以添加新的输入法，如图 2-36 所示。

图 2-36　"文本服务和输入语言"对话框

如果想要删除某个输入法，在图 2-36 所示的"文本服务和输入语言"对话框中选择已经安装的输入法，再单击"删除"按钮，即可删除这个输入法。

在 Windows 7 系统中，默认的输入法是英文输入法，在键盘上按"Ctrl + Space"组合键或者按"Ctrl + Shift"组合键，便可以在各种输入法之间轮流切换。

2.4.6　显示桌面属性的设置

显示桌面属性设置一般包括屏幕分辨率、屏幕刷新率、颜色质量、桌面背景、屏幕保护程序等。在桌面空白处单击鼠标右键，然后在弹出的快捷菜单中选择"屏幕分辨率"或者"个性化"命令，如图 2-37 所示。

1. 屏幕分辨率和色深的设置

在"屏幕分辨率"窗口中，单击"分辨率"右侧的按钮，可以修改屏幕分辨率，如图 2-38 所示。

图 2-37　设置桌面显示属性

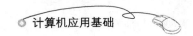

图 2 - 38　修改分辨率

分辨率越高，图像画面越精细，但同时字体就会越小，对显卡的速度要求也越高。

说明　**分辨率的介绍**

　　分辨率就是屏幕图像的精密度，是指显示器上单位面积所能显示的像素的多少。由于屏幕上的点、线和面都是由像素组成的，显示器可显示的像素越多，画面就越精细，同样的屏幕区域内能显示的信息也越多，所以分辨率是非常重要的性能指标之一。可以把整个图像想象成一个大型的棋盘，而分辨率就是所有经线和纬线交叉点的数目。以分辨率为 1 024 × 768 的屏幕来说，即每一条水平线上包含 1 024 个像素点，共有 768 条线，即扫描列数为 1 024 列，行数为 768 行。

---

2. 个性化设置

屏幕的个性化设置，常见的可以对主题、桌面背景和桌面图标进行设置，如图 2 - 39 所示。

图 2 - 39　个性化设置

设置主题时，"Aero 主题"意为界面是具立体感、令人震撼、具透视感和放大效果的用户界面。"基本和高对比度"主题，适合配备低配置显卡的计算机使用。

桌面背景设置，可以将计算机内置或者其他路径下的图片，设置为桌面背景。

单击桌面图标按钮后，在"桌面图标设置"对话框中，可以显示和关闭桌面图标，还可以更改桌面图标的图片。

如果长时间地打开计算机而不使用，对屏幕的损害很大，会大大缩短其使用寿命。设置屏幕保护程序就是为了减小这种情形对显示器的不良影响。屏幕保护程序可在计算机空闲时间超过设置的时间时自动启动，以保护显示器避免其过早老化。单击屏幕保护程序按钮后，在"屏幕保护程序设置"对话框中，可以设置屏幕保护程序。

2.5　任务三：实用小程序

【任务描述】

今天的计算机课上，老师要求同学们发挥自己的想象力，在计算机上画一幅简单的图画，比如星空、房屋、树林等。同学们暂时还没有学习专业的作图软件，而且简单的图画也用不着专业的软件。Windows 是否提供了简单易学的画图工具呢？

【任务分析】

Windows 7 有许多自带的小程序，非常实用。学会它们会为我们的工作提供很多便利。比起其他专业软件，它们还有一个共同的优点：占用 CPU 极低，开启、关闭非常快捷。本节将介绍 4 种小程序的使用方法，包括：画图、写字板、记事本、计算器。

【基本操作】

2.5.1　画图

在桌面上单击"开始"按钮，在打开的"开始"菜单中选择"所有程序"→"附件"→"画图"命令，就可以进入"画图"界面，如图 2－40 所示。

图 2－40　"画图"界面

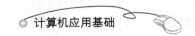

"画图"程序是一个位图编辑器，可以对各种位图格式的图片进行编辑，用户可以自己绘制图画，也可以对扫描的图片进行编辑修改，在编辑完成后，可以保存为 BMP，JPG，GIF 等类型的文件。

程序界面由以下几部分构成。

（1）标题栏：此区域标明了用户正在使用的程序和正在编辑的文件名称。

（2）菜单栏：此区域提供了用户在操作时要用到的各种命令。

（3）工具箱：它包含了十六种常用的绘图工具和一个辅助选择框，为用户提供多种选择。

（4）颜料盒：它由显示多种颜色的小色块组成，用户可以随意改变绘图颜色。

（5）状态栏：它的内容随光标的移动而改变，标明了当前光标所处位置的信息。

（6）绘图区：处于整个界面的中间，为用户提供画布。

当用户的一幅作品完成后，可以设置为墙纸，还可以打印输出，具体的操作都是在"文件"菜单中实现的。

画图软件还有一个很实用的功能——抓图。在桌面上显示的任何图片，都可以截取并保存到画图软件中。

复制当前窗口图片的方法是：按 Alt + Print Screen 组合键。

复制整个屏幕图片的方法是：按 Print Screen 键。

比如，截取"资源管理器"窗口图片，粘贴到"画图"程序中，并保存为 JPEG 文件，方法如下。

（1）在"开始"菜单上单击鼠标右键，在弹出的快捷菜单中选择"打开 Windows 资源管理器"命令。

（2）按下键盘上的 Alt + Print Screen 组合键，此时当前的"资源管理器"窗口被抓图并复制到剪贴板。

（3）单击"开始"菜单，选择"所有程序"→"附件"→"画图"命令，打开"画图"界面。

（4）在"画图"界面的快捷工具栏中执行"粘贴"命令，此时"资源管理器"窗口图片被复制到了"画图"程序中，如图 2-41 所示。

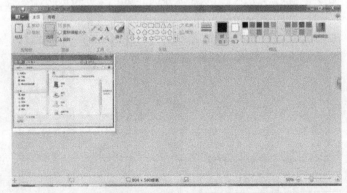

图 2-41 "资源管理器"窗口图片被复制到"画图"程序中

（5）单击"画图"程序的主菜单，选择"保存"命令，如图 2－42 所示。在"保存为"对话框中，选择"桌面"为保存地址，在"文件名"下拉框中输入"资源管理器"，在"保存类型"下拉框中选择 JPEG 文件类型，最后单击"保存"按钮保存文件，如图2－43所示。

图 2－42　保存文件命令

图 2－43　　"保存为"对话框

2.5.2　写字板

"写字板"是一个使用简单，但功能强大的文字处理程序，用户可以利用它进行日常工作中文件的编辑。它不仅可以进行中英文文档的编辑，还可以图文混排，插入图片、声音、视频剪辑等多媒体资料。

当用户要使用写字板时，可执行以下操作：在桌面上单击"开始"菜单，在打开的菜单中执行"所有程序"→"附件"→"写字板"命令，这时就可以进入"写字板"界面，如图 2－44 所示。

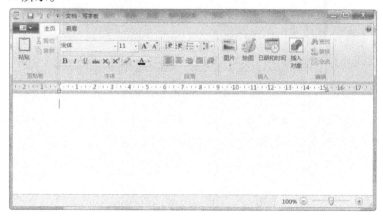

图 2－44　　"写字板"界面

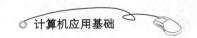

写字板界面由标题栏、菜单栏、工具栏、格式栏、水平标尺、工作区和状态栏几部分组成。

当用户需要新建一个文档时，可以在"文件"菜单中进行操作，执行"新建"命令，弹出"新建"对话框，用户可以选择新建文档的类型，默认的为 RTF 格式的文档。单击"确定"后，即可新建一个文档进行文字的输入。

2.5.3　记事本

记事本用于纯文本文档的编辑，功能没有写字板强大，适于编写一些篇幅短小的文件，由于它使用方便、快捷，应用也是比较多的，比如一些程序的 README 文件通常是以记事本的形式打开的。

启动记事本时，用户可依以下步骤操作：单击"开始"菜单，选择"所有程序"→"附件"→"记事本"命令，即可启动记事本，如图 2-45 所示，它的界面与写字板的基本一样。

关于记事本的一些操作几乎都和写字板一样，在这里不再过多讲述，用户可参照上节关于写字板的介绍来学习使用。

为了适应不同用户的阅读习惯，在记事本中可以改变文字的阅读顺序，在工作区单击鼠标右键，弹出快捷菜单，如单击"从右到左的阅读顺序"，则文档的阅读顺序变成从右到左。

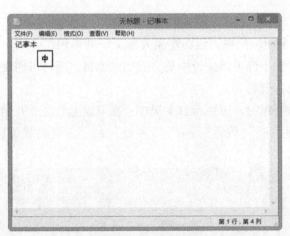

图 2-45　"记事本"界面

在记事本中用户可以使用不同的语言格式创建文档，而且可以用不同的格式打开或保存文件，当用户使用不同的字符集工作时，程序将默认保存为标准的 ANSI 文章。用户可以用不同的编码进行保存或打开，如 ANSI，Unicode，big-endian Unicode 或 UTF-8 等类型。

2.5.4　计算器

计算器可以帮助用户完成数据的运算，它可分为"标准计算器"和"科学计算器"两种，"标准计算器"可以完成日常工作中简单的算术运算，"科学计算器"可以完成较为复杂的科学运算，比如函数运算等，它的使用方法与日常生活中所使用的计算器的方法一样，可以通过鼠标单击计算器上的按钮来取值，也可以通过键盘操作。

1. 标准计算器

在处理一般的数据时，使用"标准计算器"就可以满足工作和生活的需要了，单击"开始"菜单，选择"所有程序"→"附件"→"计算器"命令，即可打开"计算器"界面，系统默认为"标准计算器"，如图 2 – 46 所示。

计算器界面包括标题栏、菜单栏、数字显示区和工作区几部分。工作区由数字按钮、运算符按钮、存储按钮和操作按钮组成，当用户使用时可以先输入所要运算的算式的第一个数，在数字显示区内会显示相应的数，然后选择运算符，再输入第二个数，最后选择" = "按钮，即可得到运算结果。在键盘上输入时，也是按照同样的方法，到最后敲回车键即可得到运算结果。当用户在进行数值输入的过程中出现错误时，可以单击 Backspace 键逐个进行删除，当需要全部清除时，可以单击"CE"按钮，当一次运算完成后，单击"C"按钮即可清除当前的运算结果，再次输入时即可开始新的运算。

图 2 – 46　标准计算器

计算器的运算结果可以导入到别的应用程序中，用户可以选择"编辑"→"复制"命令把运算结果粘贴到别处，也可以在别的地方复制好运算算式后，选择"编辑"→"粘贴"命令，在计算器中进行运算。

2. 科学计算器

当用户从事非常专业的科研工作时，要经常进行较为复杂的科学运算，可以选择"查看"→"科学型"命令，弹出"科学计算器"界面，如图 2 – 47 所示。

图 2 – 47　科学计算器

此界面增加了数基数制选项、单位选项及一些函数运算符号，系统默认的是十进制，当用户改变其数制时，单位选项、数字区、运算符区的可选项将发生相应改变。用户在工作过程中，也许需要进行数制的转换，这时可以直接在数字显示区输入所要转换的数值，也可以利用运算结果进行转换，选择所需要的数制，数字显示区则会出现转换后的结果。

另外，科学计算器可以进行一些函数的运算，使用时要先确定运算的单位，在数字区输入数值，然后选择函数运算符，再单击"＝"按钮，即可得到结果。

拓展阅读

1. 其他操作系统介绍

PC 操作系统除了本章学习的 Windows 7 操作系统，还有其他几种操作系统。

1）UNIX

UNIX 操作系统由肯·汤普逊（Kenneth Lane Thompson）、丹尼斯·里奇（Dennis MacAlistair Ritchie）和 Douglas McIlroy 于 1969 年在美国 AT&T 的贝尔实验室开发。目前它的商标权由国际开放标准组织（The Open Group）所拥有。它具有多用户、多任务的特点，支持多种处理器架构。

说到 UNIX 操作系统，就不得不提到它与 C 语言的故事。起初的 UNIX 同当时其他的操作系统一样是用汇编语言写成的。到了 1973 年的时候，肯·汤普逊与丹尼斯·里奇感到用汇编语言编写的系统，移植起来太过麻烦，就想用高级语言来完成第三版，在当时完全以汇编语言来开发程序的年代，他们的想法算是相当疯狂的。一开始他们想尝试用 Fortran，可是失败了。后来他们用一个叫 BCPL（Basic Combined Programming Language）的语言开发，他们整合了 BCPL 形成 B 语言，后来还是觉得不能完全满足要求，就改良了 B 语言，于是就有了今天大名鼎鼎的 C 语言。他们成功地用 C 语言重写了 UNIX 的第三版内核。至此，UNIX 这个操作系统修改、移植相当便利，为 UNIX 日后的普及打下了坚实的基础。而 UNIX 和 C 语言很快成为世界的主导。

UNIX 突出的优点主要表现在两个方面：①内核小巧，最早的 UNIX 系统只占用 512 K 字节的磁盘空间，其中系统内核使用 16 K，用户程序使用 8 K，文件使用 64 K；②灵活，UNIX 使用高级语言 C 写成，可移植性强。

2）Linux

Linux 是一种自由免费和开放源码的类 UNIX 操作系统，最早由芬兰人林纳斯·本纳第克特·托瓦兹（Linus Benedict Torvalds）设计，于 1991 年发行了 Linux 0.11 版本，并发布在 Internet 上，免费供人们使用。

尽管 Linux 拥有了 UNIX 的全部功能和特点，但它却是最小、最稳定、最快速的操作系统，在最小配置下它可以运行在仅 4 M 的内存上。

Linux 可安装在各种计算机硬件设备中，从手机、平板电脑、路由器和视频游戏控制台，到台式计算机、大型机和超级计算机。Linux 是一个领先的操作系统，世界上运算最快的 10 台超级计算机运行的都是 Linux 操作系统。

2. 智能手机上使用的操作系统

目前的智能手机操作系统分为几大阵营：苹果移动操作系统 iOS、Symbian、Android、Linux、Windows Mobile、Palm。

1）苹果移动操作系统 iOS

iOS 是由苹果公司开发的移动操作系统。苹果公司最早于 2007 年 1 月 9 日的 Macworld 大会上公布这个系统，最初是设计给 iPhone 使用的，后来陆续套用到 iPod touch、iPad 以及 Apple TV 等产品上。iOS 与苹果的 Mac OS X 操作系统一样，属于类 UNIX 的商业操作系统。原本这个系统名为 iPhone OS，因为 iPad，iPhone，iPod touch 都使用 iPhone OS，所以 2010WWDC 大会上宣布改名为 iOS。

2）Android（安卓）操作系统

Android 是一种基于 Linux 的自由及开放源代码的操作系统，主要使用于移动设备，如智能手机和平板电脑，由 Google 公司和开放手机联盟领导及开发。Android 操作系统最初由 Andy Rubin 开发，主要支持手机。2005 年 8 月由 Google 收购注资。2007 年 11 月，Google 与 84 家硬件制造商、软件开发商及电信运营商组建开放手机联盟共同研发改良 Android 系统。随后 Google 以 Apache 开源许可证的授权方式，发布了 Android 的源代码。第一部 Android 智能手机发布于 2008 年 10 月。Android 逐渐扩展到平板电脑及其他领域，如电视、数码相机、游戏机等。2011 年第一季度，Android 在全球的市场份额首次超过塞班系统，跃居全球第一。2013 年的第四季度，Android 平台手机的全球市场份额已经达到 78.1%。2013 年 9 月 24 日谷歌开发的操作系统 Android 迎来了 5 岁生日，全世界采用这款系统的设备数量已经达到 10 亿台。2014 第一季度 Android 平台已占所有移动广告流量来源的 42.8%，首度超越 iOS。但运营收入不及 iOS。

课后练习

一、选择题

1. 下列软件中，不是操作系统的是_____。

　　A. Linux　　　　　　B. UNIX　　　　　　C. MS – DOS　　　　D. MS – Office

2. Windows 是一个_____的操作系统。

　　A. 单用户单任务　　B. 多用户多任务　　C. 实时　　　　　　D. 多用户单任务

3. 操作系统的主要功能是_____。

　　A. 对用户的数据文件进行管理，为用户管理文件提供方便

　　B. 对计算机的所有资源进行控制和管理，为用户使用计算机提供方便

　　C. 对源程序进行编译和运行

　　D. 对汇编语言程序进行翻译

4. 下列有关操作系统的说法，_____是错误的。

A. 不能对计算机内存进行管理　　　B. 主要目的是使计算机系统方便使用

C. MS – DOS 是一种操作系统　　　D. 是用户与计算机硬件之间的界面程序

5. 计算机操作系统是_____。

A. 一种使计算机便于操作的硬件设备　B. 计算机的操作规范

C. 计算机系统中必不可少的系统软件　D. 对源程序进行编辑和编译的软件

6. 对计算机操作系统的作用描述完整的是_____。

A. 管理计算机系统的全部软、硬件资源，合理组织计算机的工作流程，以达到充分发挥计算机资源的目的，为用户提供使用计算机的友好界面

B. 对用户存储的文件进行管理，方便用户

C. 执行用户键入的各类命令

D. 是为汉字操作系统提供运行的基础

7. 操作系统中的文件管理系统为用户提供的功能是_____。

A. 按文件作者存取文件　　　B. 按文件名管理文件

C. 按文件创建日期存取文件　D. 按文件大小存取文件

8. 操作系统将 CPU 的时间资源划分成极短的时间片，轮流分配给各终端用户，使终端用户单独分享 CPU 的时间片，有独占计算机的感觉，这种操作系统称为_____。

A. 实时操作系统　　　B. 批处理操作系统

C. 分时操作系统　　　D. 分布式操作系统

9. 操作系统是计算机系统中的_____。

A. 主要硬件　　　B. 系统软件　　　C. 外部设备　　　D. 广泛应用的软件

10. 一个计算机操作系统通常应具有_____。

A. CPU 管理、显示器管理、键盘管理、打印机和鼠标器管理等五大功能

B. 硬盘管理、软盘驱动器管理、CPU 管理、显示器管理和键盘管理等五大功能

C. 处理器（CPU）管理、存储管理、文件管理、输入/输出管理和作业管理五大功能

D. 计算机启动、打印、显示、文件存取和关机等五大功能

11. 运行在微机上的 MS – DOS 是一个_____磁盘操作系统。

A. 单用户单任务　　　B. 多用户多任务

C. 实时　　　D. 多用户单任务

二. 操作题

1. 在 D 盘根目录下创建一个文件夹，名称为你的姓名。然后在这个文件夹中创建两个子文件夹，分别取名为"学习""娱乐"。

2. 在"学习"文件夹下新建 2 个文件：文本文档 f1. txt、Word 文档 f2. doc。

3. 将"娱乐"文件夹设为隐藏，并在"文件夹选项"窗口"查看"选项卡中进行设置，使其不可见。

4. 在"文件夹选项"窗口"查看"选项卡中进行设置，显示隐藏的"娱乐"文件夹，将"学习"文件夹下的 f1. txt 文件复制到"娱乐"文件夹下。

5. 将 f2. doc 剪贴到"娱乐"文件夹下。

第3章 文字处理软件 Word 2010 的使用

学习内容

本章将通过完成一系列 Word 文档编辑的制作任务,深入了解 Word 2010 的主要功能及该软件的使用方法。

学习目标

技能目标:

(1) 掌握 Word 文档的创建,打开和基本编辑操作,文本的查找与替换,多窗口和多文档的编辑;

(2) 掌握文档的保存、保护、复制、删除、插入和打印;

(3) 掌握字体格式、段落格式和页面格式等文档编排的基本操作,页面设置和打印预览;

(4) 掌握 Word 的对象操作,对象的概念及种类,图形、图像对象的编辑,文本框的使用;

(5) 掌握 Word 的表格的创建与格式化,表格中数据的输入、编辑和分析功能。

Word 2010 是 Microsoft Office 2010 套装软件中的一个功能强大、实用的文字处理软件。Word 2010 具有非常良好的文字处理集成环境,使用了"所见即所得"的可视化开发技术,并通过其独到的排版技术,将文字、表格、图像的综合处理变得非常容易。

3.1 基本技能

3.1.1 技能 1: Word 的启动、退出

1. 启动 Word

Word 的常用启动方法有以下两种。

1) 方法一:从"开始"菜单启动

Word 作为运行于 Windows 环境下的一款应用软件,可以使用 Windows 常规程序启动方法。

(1) 单击任务栏左侧的"开始"菜单,打开"开始"菜单。

(2) 选择"所有程序"菜单中的 Microsoft Office 菜单,选择 Microsoft Office Word 2010 命令,即可启动 Word。

2) 方法二:快捷方式启动

Word 安装完毕后,可以在 Windows 桌面上为其创建快捷方式图标,双击 Microsoft

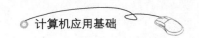

Office Word 2010 图标 即可启动 Word。

2. 退出 Word

在将文档编辑完毕之后，应先将文档保存（保存文档的方法将在后面介绍），然后关闭 Word 2010 应用程序窗口，退出这个应用程序。其操作方法有如下三种。

方法一：单击 Word 2010 应用程序窗口的"关闭"按钮。

方法二：单击 Word 2010 应用程序窗口的"文件"菜单中的"退出"命令。

方法三：直接在窗口激活状态下按组合键 Alt + F4 退出。

3.1.2　技能 2：掌握 Word 操作界面

通过前面所述方法启动 Word 之后，将自动生成一个名为"文档 1"的空白文档，如果继续同样操作会生成名为"文档 2"的空白文档，以此类推。启动后的 Word 程序界面及组成如图 3-1 所示。

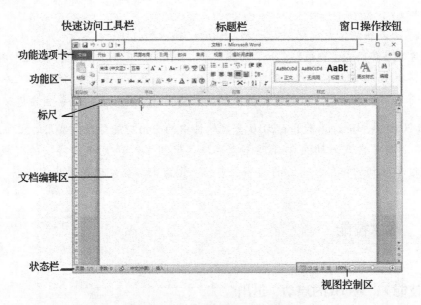

图 3-1　Word 2010 的工作界面

中文 Word 2010 主窗口主要包括以下几个部分。

1. 标题栏

标题栏位于窗口的最上方，标题栏由三部分组成。左端有一 Word 的标志，也是"控制菜单"图标，单击该图标打开"窗口控制"下拉菜单，如图 3-2 所示，其中包含一些控制窗口的命令，如将窗口最大化、最小化、还原和关闭等。"控制菜单"图标旁是快速访问工具栏，单击快速访问工具栏右侧的下拉箭头，在弹出的菜单中选择相关命令，可以将频繁使用的工具以按钮形式添加到快速访问工具栏中。标题栏中部显示的是正在编辑的文档名称。右端有 3 个按钮，分别是：

（1）"最小化"按钮，将当前文件窗口缩小成为任务栏上的一个按钮；

（2）"最大化"按钮，用于在满屏幕与非满屏幕之间切换；

（3）"关闭"按钮，用于关闭 Word 2010 窗口。

3－2　"窗口控制"下拉菜单

2．功能选项卡和功能区

功能选项卡和功能区位于标题栏之下，默认情况下包含有 8 个选项卡，单击某个选项卡即可打开相应的功能区，如图 3－3 所示。功能区是 Word 2010 的核心部分，所有编辑和排版等操作的命令都能在这些选项卡中找到，学会使用功能区中的命令是非常重要的。在每个标签对应的选项卡中，按照具体功能将其中的命令进行了更详细的分类，并将相关的操作命令划分成功能组。当在文档中选中图片、文本框或者表格等对象后，功能区中会显示出与所选对象设置相关的选项卡。

有些功能组的右下角有一个功能扩展按钮，单击该按钮，可打开相应的对话框或者任务窗格进行更详细的设置。

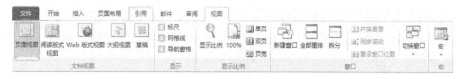

图 3－3　功能选项卡和功能区

3．标尺

标尺用于说明文档的左右边距、段落的缩进及表格的栏宽及行高等，如图 3－4 所示。默认状态下，标尺的刻度为厘米。如果想隐藏标尺，可以选择"视图"选项卡中"显示"命令组中的"标尺"命令，清除该命令左侧的复选框标记。

图 3－4　标尺

4．文档编辑区

在文档编辑区可以输入文本和绘制图形及表格。Word 总是在插入点后面接受用户输入的内容，插入点标记为一闪烁的竖条。编辑区的右侧和下侧分别为垂直滚动条和水平滚动条，通过单击其两端的三角按钮，或拖动滚动条中的滑块，就可上下或左右滚动屏幕，以便查看整个文档。

5．状态栏

窗口的最下一栏是状态区，在状态区中显示文档的页号、行号和列号以及在工作时的一些操作提示信息。

图 3 - 5　五种 Word 视图

6. 视图控制区

视图是 Word 文档在计算机屏幕上的显示方式，Word 2010 主要提供了"页面视图""阅读版式视图""Web 版式视图""大纲视图"和"草稿"5 种视图方式，如图 3 - 5 所示。

不同的视图方式之间可以进行切换。打开"视图"选项卡，选择"文档视图"命令组的"页面视图""阅读版式视图""Web 版式视图""大纲视图"命令或者"草稿"命令按钮，就可切换至相应的视图方式；此外也可以使用水平滚动条左侧的 5 种视图方式按钮，在"页面视图""阅读版式视图""Web 版式视图""大纲视图"和"草稿"之间进行切换。

1）页面视图

在此方式下，用户所看到的文档内容与最后打印出来的结果几乎是完全一样的，也就是一种"所见即所得"的方式。在"页面视图"方式下，用户可以看见文档所在的纸的边缘，但看不到"普通视图"中所显示的那一条虚线（分页符）。在"页面视图"中能够显示垂直标尺以及添加的页码和书眉。"页面视图"是最适合进行图形对象操作以及一些其他附加内容（如页眉、页码和脚注等）操作的视图方式。在"页面视图"下，可以很方便地进行如插入图片、文本框、图表、媒体剪辑和视频剪辑等操作。此外，在"页面视图"中还能预览文档。

2）阅读版视图

它是中文版 Word 2010 中新增加的版式视图，该视图的最大特点是便于用户阅读操作。它模拟书本阅读的方式，让用户感觉是在翻阅书籍，它同时能将相连的两页显示在一个版面上，使得阅读文档十分方便。如图 3 - 6 所示为阅读版式视图，要退出阅读版式视图可以单击工具栏上的关闭阅读版式按钮 。

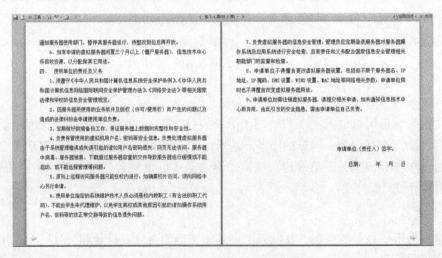

图 3 - 6　阅读版式视图

> **说明**
>
> 　　除可使用菜单实现视图切换外，在视图栏中有 5 个视图的切换按钮，如图 3-7 所示，将鼠标悬停在这些按钮上，会自动出现对应的视图切换按钮名称。单击相应的按钮，也可以进行视图切换。

图 3-7　视图切换按钮

3）Web 版式视图

在"Web 版式视图"方式下，文本编辑区显示得更大，并且自动换行以适应窗口，而不是显示为实际打印的形式。也就是说，不管 Word 的窗口大小如何改变，在文本编辑区中始终显示文档的所有文本内容，而不会因窗口的缩小而遮住文本内容。此外，在"Web 版式视图"方式下，还可以设置文档的背景、浏览和制作网页等。

4）大纲视图

在此视图方式下，文档可以按照当前文档的标题大小分级进行显示，可以很方便地修改标题内容、复制或移动大段的文本内容。使用这种显示方式后，在工具栏的下方会显示"大纲"工具栏，如图 3-8 所示，通过此工具栏可以改变"大纲视图"的显示要求。

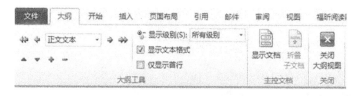

图 3-8　"大纲"工具栏

5）草稿

在此方式下，在文本编辑区内以最大限度显示文本内容，整篇文档的文本内容都连续地显示在编辑区中，因此可以非常方便地进行文本输入、改写等操作，但在处理图形对象时有一定的局限性，而且它不显示文档的页边距、分栏、页眉页脚等效果。因而，当用户要进行版面调整，或者是进行图形操作时，需要切换到"页面视图"方式下进行。

使用不同的视图方式可以完成不同的编辑操作，但在实际工作中，往往还要配合显示比例进行操作。

在"视图"选项卡上有一个"显示比例"工具组，通过"显示比例"按钮 就可以改变视图的显示比例，在任何一种视图方式下，都可以使用这个按钮。单击"显示比例"按钮打开"显示比例"对话框，如图 3-9 所示，从中可以选择多种预设好的显示比例，如 200%，整页和多页等。选择其中之一就可以更改当前视图的显示比例。此外，用户也可以自己定义一个显示比例，在"百分百"列表框中输入 10~500 之间的一个数值，然后单击"确定"即可。

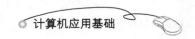

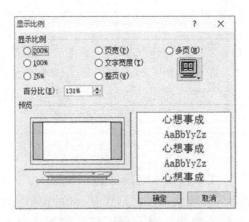

图 3-9 "显示比例"对话框

小技巧

　　按住 Ctrl 键 + 鼠标滚轴，可快速改变显示比例。滚轴向上滚动可以放大显示比例，滚轴向下滚动可以缩小显示比例。

3.1.3 技能 3：Word 文件的创建、保存

1. 新建空白文档

启动 Word 2010 程序后，会自动生成一个名为"文档 1. docx"的空白文档，并将光标定位在文档的首行首列，用户可以在空白文档中进行编辑。Word 2010 可以用不同的方法创建新文档。

1) 方法一：利用快速访问工具栏

单击快速访问工具栏上的"新建空白文档"按钮 ，即可创建一个空白文档

2) 方法二：使用"新建文档"任务窗口创建新文档

选择"文件"选项卡中的"新建"项，此时在窗口右侧将打开"新建文档"任务窗格，选择"空白文档"选项，单击"创建"按钮，程序会新建一个空白文档。

2. 保存文档

保存文档是整个文字处理工作中一个重要的环节。在文档未被保存之前，所有对文档的操作都只存在于计算机的内存中，如果此时发生断电之类的意外，内存中的所有资料就会丢失。因此，在完成对文档的处理后，为保存处理结果，必须将文件保存在磁盘上，这样可以避免文件的意外丢失。Word 文档的保存操作如下。

1) 保存新文档

当第一次保存一个文档时，具体操作步骤如下。

(1) 单击快速访问工具栏上的"保存"按钮 ，或者通过"文件"选项卡中的"保存"命令，弹出如图 3-10 所示的"另存为"对话框。

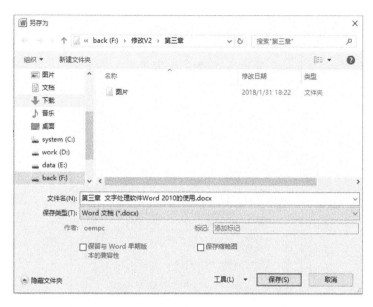

图 3 - 10　"另存为"对话框

（2）在"保存位置"下拉列表框中，选择文件的保存位置。

（3）在"文件名"文本框中输入待保存的文件名，在"保存类型"对话框中选择将要保存为的文件格式，默认为".docx"格式。设置完毕后，单击"保存"按钮。

2）保存现有文档

文档经过上述步骤首次保存后，会在相应的磁盘位置上生成保存后的文件。在后续的文档编辑过程中，还应进行即时保存防止文件的意外丢失。可直接单击快速访问工具栏上的"保存"按钮，或者通过选项卡操作，选择"文件"选项卡中的"保存"命令。此时将不会再弹出"另存为"对话框，而是直接对原文档进行覆盖保存。

3）另存文档

在文档编辑过程中或编辑完成后，如果要对现有文档建立新的副本，可对文档进行另存操作，但需对该副本进行更名存盘或改变存储目录。具体操作步骤如下。

（1）选择"文件"选项卡中的"另存为"命令，弹出如图 3 - 10 所示的"另存为"对话框。

（2）根据具体需要重新设置文件的待保存路径，并输入新的文件名和文件类型。

（3）单击"保存"按钮，保存文件。

3.2　任务一：制作讲座邀请函

【任务描述】

小明同学是学生会的宣传委员，现在准备举行一次音乐欣赏的知识讲座，因此需要制作一份讲座邀请函，张贴在学校的宣传栏中，邀请广大同学积极参加。利用"音乐欣赏讲座邀请函（素材）.docx"素材文件，使用 Word 2010 制作一个音乐讲座邀请函，设置文字和段落格式，添加艺术化的页面边框，效果如图 3 - 11 所示。

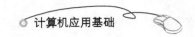

图 3 - 11   音乐欣赏讲座邀请函

【任务分析】

小明完成这个任务需要具备两方面的技能。第一是撰写出符合要求的邀请函的文字稿，第二是使用 Word 文字处理软件完成文字录入、字符及段落格式化和打印输出等过程。

讲座邀请函的内容一般包括活动的背景、目的、名称、主办者、主讲人介绍等内容。完成的文字稿详见"音乐欣赏讲座邀请函（素材）. docx"文件，然后在 Word 文字处理软件里完成对文件的编辑和排版。最终效果如图 3 - 11 所示。

【工作流程】

（1）页面设置。

（2）导入文本内容。

（3）文字格式的设置。

（4）段落格式化。

（5）添加艺术化边框。

（6）打印邀请函。

【基本操作】

1. 页面设置

页面设置指对版面的纸张大小、页边距、页面方向等参数的设置。

2. 字符及段落的格式化

字符格式化包括对各种字符的字体、字号、字形、颜色、字符间距、文字效果及字符之间上下位置等进行定义。

段落格式化包括对段落的对齐方式、缩进方式、行间距、段间距等进行定义。

3. 页面边框

页面边框是在页面四周的一个矩形边框，该边框可以用多种线条样式和颜色或者特定的图形组合而成。

4. 打印预览和打印输出

打印预览是指对文档进行打印设置后预先查看文档的打印效果，如果符合设计要求便可进行打印。打印输出是进行文档处理工作的最终目的。

【详细步骤】

1. 页面设置

新建 Word 文档"音乐欣赏讲座邀请函 . docx"，并保存在 D 盘的个人文件夹下。根据邀请函的版面要求进行页面设置，操作步骤如下。

（1）进入 Word 2010，新建一个空白文档，并另存为"音乐欣赏讲座邀请函 . docx"。

（2）在"页面布局"选项卡中选择"页面设置"组，单击该组右下角"页面设置"对话框启动按钮，打开"页面设置"对话框。

（3）选择"页边距"选项卡，设置"页边距"为上下边距 3 cm，左右边距为 3 cm，如图 3 - 12 所示。

（4）选择"纸张"选项卡，设置"纸张大小"为"16"，如图 3 - 13 所示。

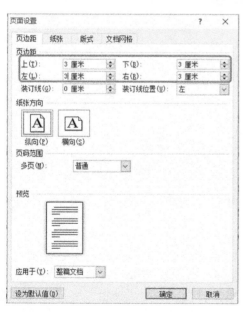
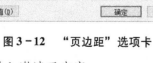

图 3 - 12　"页边距"选项卡

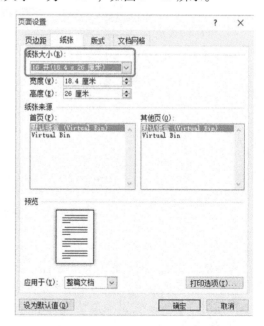

图 3 - 13　"纸张"选项卡

2. 导入邀请函内容

页面设置完毕后，可见插入点在工作区的左上角闪动，表示可在文档窗口中输入文本了。要求将"音乐欣赏讲座邀请函（素材）. docx"的文字内容导入到新建的空白文档中，

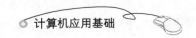

并在落款处添加当前日期。操作步骤如下。

（1）在"插入"选项卡中的"文本"工具组"对象"命令按钮中选择"文件中的文字"菜单，如图3－14所示，打开"插入文件"对话框。

图3－14　"文件中的文字"菜单

（2）在"插入文件"对话框中，选择"音乐欣赏讲座邀请函（素材）.docx"所在的目录。

（3）选中"音乐欣赏讲座邀请函（素材）.docx"，单击"插入"按钮。

（4）完成邀请函文本的插入后，将插入点置于文档结束的位置，即"武汉软件工程职业学院学生会"的下一段。

（5）在"插入"选项卡中的"文本"工具组中选择"对象"命令按钮，打开"日期和时间"对话框，在"可用格式"列表框中选择所需的日期格式，单击"确定"按钮，如图3－15所示。

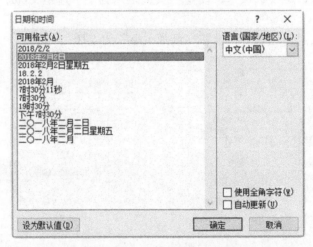

图3－15　"日期和时间"对话框

3．文字格式的设置

字符格式化包括对各种字符的字体、字号、字形、颜色、字符间距、文字效果及字符之间上下位置等进行定义。在对字符进行格式化之前，必须选定要设置的文本。

将标题"音乐欣赏讲座邀请函"设置为"华文行楷、一号、加粗，字符间距加宽3磅"，操作步骤如下。

（1）选定要设置的标题文本"音乐欣赏讲座邀请函"。

（2）在"开始"选项卡中的"字体"工具组中的"字体"下拉列表框中选择"华文行楷"，如图3－16所示。

（3）在"开始"选项卡中的"字体"工具组中的"字号"下拉列表框中选择"一

号"，如图 3 – 17 所示。

（4）单击"字体"工具组上的"加粗"按钮 **B** 。

（5）保持标题文本的被选定状态，单击鼠标右键，在弹出的快捷菜单中选择"字体"命令，如图 3 – 18 所示，弹出"字体"对话框。

图 3 – 16 "字体"下拉列表框　　**图 3 – 17** 　"字号"下拉列表框　**图 3 – 18** 　快捷菜单选择"字体"命令

（6）选择"高级"选项卡中的"字符间距"区域，在"间距"下拉列表框中选择"加宽"，在对应的"磅值"数字框内输入"3 磅"，如图 3 – 19 所示，单击"确定"按钮。

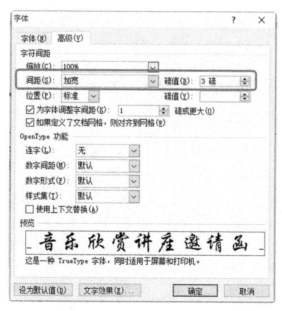

图 3 – 19 　"字体"对话框

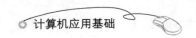
将"亲爱的新同学:""武汉软件工程职业学院学生会"和落款日期设置为"楷体、四号",将正文文字(从"音乐是诗"到"环境音乐班得瑞专辑《翡翠谷》赏析")设置为"仿宋、小四",操作步骤如下。

(1)选定要设置的文本"亲爱的新同学:"。

(2)在"开始"选项卡中"字体"工具组中的"字体"下拉列表框中选择"楷体"。

(3)在"开始"选项卡中"字体"工具组中的"字号"下拉列表框中选择"四号"。

(4)保持文本的被选中状态,单击"开始"选项卡中"剪贴板"工具组上的"格式刷"按钮 ✔格式刷 。

(5)当鼠标指针变成格式刷形状 时,选择目标文本"武汉软件工程职业学院学生会"和落款日期。同时"格式刷"按钮的激活状态自动取消,表示格式复制功能关闭。

(6)选定正文文本(从"音乐是诗"到"环境音乐班得瑞专辑《翡翠谷》赏析"),在"开始"选项卡中选择"字体"组,单击该组右下角"字体"对话框启动按钮,打开"字体"对话框,选择"字体"选项卡,在"中文字体"下拉列表框中选择"仿宋","字号"下拉列表框中选择"小四",如图3-20所示,单击"确定"按钮。

图3-20 字体"选项卡

说明

格式刷是一个非常方便的编辑工具,它可以将文章中一个地方的格式(不仅是字体格式,而且包括段落格式、图形格式等)"刷"到(也就是复制到)其他的地方去。使用格式刷,可以大大提高编辑工作的效率,而且使我们容易做到文章格式前后一致。

　　4．"邀请函"段落格式化

　　将标题"音乐欣赏讲座邀请函"设置为"居中对齐";将正文段落(从"音乐是诗"到"环境音乐班得瑞专辑《翡翠谷》赏析")设置为"两端对齐、首行缩进 2 个字符、1.7 倍行距",操作步骤如下。

　　(1)将插入点置于标题"音乐欣赏讲座邀请函"段落中,选定标题段落。

　　(2)单击"开始"选项卡中"段落"工具组中的"居中"按钮 ▤ 。

　　(3)选定正文段落,(从"音乐是诗"到"环境音乐班得瑞专辑《翡翠谷》赏析"),在"开始"选项卡中选择"段落"组,单击该组右下角"段落"对话框启动按钮 ▨ ,打开"段落"对话框,选择"缩进和间距"选项卡,如图 3－21 所示。

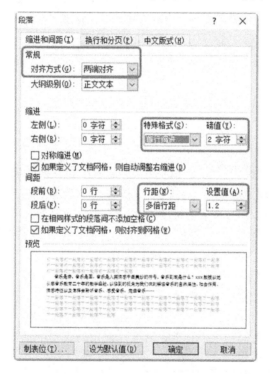

图 3－21　"段落"对话框

　　(4)在"常规"区域中,"对齐方式"下拉列表框中选择"两端对齐"。

　　(5)在"缩进"区域中的"特殊字符"下拉列表框中选择"首行缩进",在"磅值"数字框中输入"2 字符"。

　　(6)在"间距"区域内的"行距"下拉列表框中选择"多倍行距",在"设置值"数字框中输入设置值为"1.2"。

　　(7)单击"确定"按钮。

　　将最后两段("武汉软件工程职业学院学生会""××××年××月×× 日"所在段落)设置为"右对齐",再将"武汉软件工程职业学院学生会"所在的段落设置为"段前间距20 磅"。具体操作步骤如下。

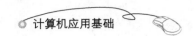

（1）选定最后两段.

（2）单击"开始"选项卡中"段落"工具组中的"右对齐"按钮 ▤。

（3）将插入点置于"武汉软件工程职业学院学生会"所在的段落中的任意位置。

（4）单击鼠标右键，在弹出的快捷菜单中选择"段落"命令，打开"段落"对话框。

（5）在"段落"对话框上选择"缩进和间距"选项卡，在"间距"区域内的"段前"数字框内填入设置值"20 磅"。

（6）单击"确定"按钮。

说明

在 Word 中，以段落为排版的基本单位，段落就是指相邻两个段落标记符"↵"之间的内容。段落标记包含了这个段落的所有格式设置，所以，对两个段落标记之间的内容进行排版也可以说是对段落的排版。段落的排版主要包括对段落进行设置缩进量、行间距、段间距和对齐方式等。

对段落进行格式化，必须先选定段落。要选定一段，将插入点定位到段落中的任意位置即可。要选定两个以上的段落，应选定这些段落及段落标记符。

---

5. 添加艺术化边框

用户可以在 Word 文档中设置普通的线型页面边框和各种图标样式的艺术型页面边框，使 Word 文档更富有表现力。既可以为文档中的每一页的所有边或任意一边添加边框，也可以只为某节中的页面、首页或者除首页外的所有页添加边框。

为"音乐欣赏讲座邀请函"添加艺术型页面边框，操作步骤如下。

（1）将插入点置于"邀请函"中的任意位置。

（2）单击"页面布局"选项卡中"页面背景"工具组上的"页面边框"按钮，打开"边框和底纹"对话框，选择"页面边框"选项卡。

（3）在"艺术型"下拉列表框中选择所需的艺术边框；在"颜色"下拉列表框中选择"白色，背景1，深色25%"，在"应用于"下拉列表框中选择"本节"，单击"确定"按钮，如图 3 - 22 所示。

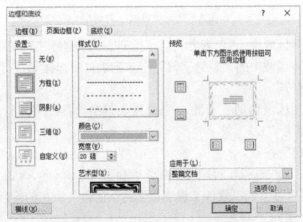

图 3 - 22　"边框和底纹"对话框

（4）单击快速访问工具栏上的"保存"按钮，保存"音乐欣赏讲座邀请函.docx"文档。

至此，对"音乐欣赏讲座邀请函"的排版工作全部完成，最终排版效果如图 3－11 所示。

6. 打印邀请函

打印预览：对排版后的文档进行打印之前，为确保打印质量，应先对其打印效果进行预览，以便决定是否还需要对版式进行修改。使用打印预览可以避免盲目打印而造成的纸张浪费。

进行打印预览的操作如下。

（1）选择"文件"选项卡中的"打印"命令，在右侧窗格显示出如图 3－23 所示的"打印预览"窗口。

图 3－23　"打印预览"窗口

（2）拖曳右下角"显示比例"滚动条上的滑块，可以调整文档的显示大小。

（3）单击"开始"选项卡，即可关闭"打印预览"窗口，回到文本的正常编辑状态。

文档处理工作的最终目的是将文档打印输出到纸质介质上。在完成文档的编辑后，使用打印预览功能查看文档的内容和版式符合编辑要求后，就可以进行文档的打印了。

打印"音乐欣赏讲座邀请函"，操作步骤如下。

（1）选择"文件"选项卡中的"打印"命令，打开"打印"窗格，如图 3－24 所示。

（2）在下拉列表中选择要使用的打印机。

（3）在"设置"区域选择打印范围：

图3-24　"打印"窗格

①选择"打印所有页"菜单，则打印当前文档的全部页面；

②选择"当前页面"菜单，则只打印当前插入点所在的页面；

③选择"打印自定义范围"菜单，在后面的数值框中输入页码，则可打印指定页码的页面。

（4）在"份数"数值框中可以指定打印的份数。

（5）完成所有设置后，单击"确定"按钮，即可开始打印文档。

3.3　任务二：制作精美的宣传单页

【任务描述】

学生会干部小明喜爱轻音乐，想为自己喜欢的一张音乐专辑制作一张宣传单展示给同学们，将自己喜欢的好音乐与同学们分享。利用"山林音乐（素材）.docx"素材文件，使用 Word 2010 制作一个宣传单页，进行版面设置，添加艺术字、图片、艺术横线等对象，使用文本框实现分栏。效果如图3-25所示。

图3-25　宣传单页整体效果

【任务分析】

宣传单的制作，往往会使用 Word 的图文混排、文本框、艺术字、分栏等功能，合理地运用这些技术，可以设计制作出图文并茂的宣传单作品，如图 3-26 所示。

通过学习本项任务，掌握关于 Word 的对象操作：对象的概念及种类，图形、图像对象的编辑，文本框的使用方法等。

【工作流程】

（1）制作艺术字标题。

（2）首字下沉。

（3）文本的查找与替换。

（4）分栏排版。

（5）图文混排。

（6）用"文本框"实现分栏效果。

【基本操作】

1. 对象

在 Word 中所有能移动的独立内容都称为对象。对象主要包括图形、图像、文本框和表格等。作为 Word 中独立的实体，对象可以进行选定、对齐、改变前后次序、拼接和图文混排等操作。

2. 艺术字和艺术横线

艺术字一种具有美术效果的特殊图形，以图形的方式展示文字。艺术横线是图形化的横线，用于隔离版块，美化整体版面。

3. 分栏

分栏就是将一段文本分成并排的几栏。分栏排版经常用于论文、报纸和杂志的排版之中，可以将一段文字分成几栏打印。这种分栏方法使页面排版灵活，阅读方便。

【详细步骤】

1. 新建文件

新建文件名为"山林音乐 . docx"的 Word 文档，并将素材"山林音乐（素材）. docx"的标题和正文文本复制到新建 Word 中，操作步骤略。

2. 添加艺术字

（1）选中文本"雾色山脉"，在"插入"选项卡中选择"文本"工具组"艺术字"命令按钮，打开艺术字库，选择第 1 行第 1 列艺术字效果（填充 - 茶色，文本

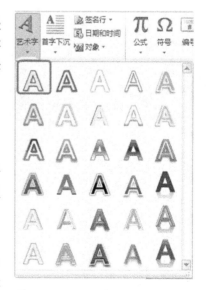

图 3-26　"艺术字库"对话框

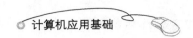

2，轮廓－背景2），如图3－26所示。

（2）选中艺术字"雾色山脉"，在"开始"选项卡中的"字体"工具组中设置艺术字字体为"幼圆""加粗"，如图3－27所示。

图3－27"编辑'艺术字'文字"对话框

（3）选中艺术字即会出现"绘图工具"，在"格式"选项卡下可以对艺术字进行各种设置，如图3－28所示。

（4）在"格式"选项卡中选择"艺术字样式"组，单击该组右下角"设置文本效果格式：文本框"对话框启动按钮，打开"设置文本效果格式"对话框，如图3－29所示。

（5）在"文本填充"命令下，选择"渐变"填充单选按钮，在"预设颜色"下拉菜单条选择"心如止水"，在"方向"下拉菜单条选择"线性向下"，单击"关闭"按钮。

图3－28"绘图工具"选项卡

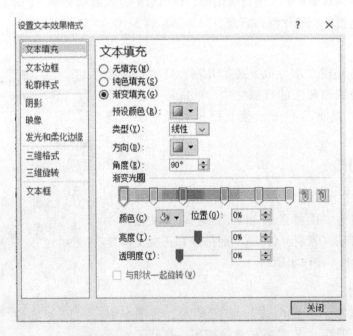

图3－29　"设置文本效果格式"对话框

（6）在"格式"选项卡"艺术字样式"工具组中的"文本效果"下拉列表框中选择"转换"命令，在展开的列表中选择"弯曲"项目下第 5 行第 2 列的效果，更改艺术字形状为"波形 2"，调整大小，艺术字效果如图 3－30 所示。

图 3－30　"艺术字"效果

3．设置文本效果

设置"——班得瑞乐团第 11 张专辑"文本为"华文行楷""四号""加粗"；设置正文文本（从"美国音乐杂志专栏"到"成为新版的山林音乐。"）为"楷体""小四"，操作步骤略。

4．首字下沉

首字下沉的作用是使段落的第一个字突出显示，并具有一定的版面美化作用。

将正文的第一段的首字"美"字设置为"华文行楷"、首字下沉 3 行，操作步骤如下。

（1）选中需要设置首字下沉的段落（即正文的第一段）。

（2）在"插入"选项卡中的"文本"工具组"首字下沉"命令按钮中选择"首字下沉选项"命令，打开"首字下沉"对话框。

（3）在"位置"区域中选择"下沉"，在"选项"中设置首字下沉的字体为"华文行楷"，下沉的行数为 3 行，如图 3－31 所示。

（4）单击"确定"按钮，保存文档。首字下沉效果如图 3－32 所示。

图 3－31　"首字下沉"对话框

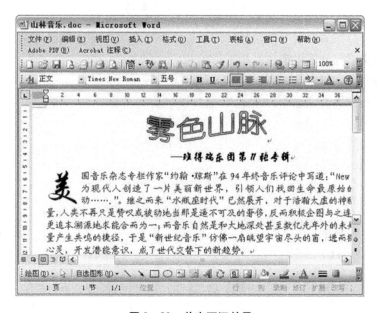

图 3－32　首字下沉效果

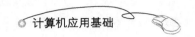

5．设置文本格式

设置正文第 2 段和第 3 段首行缩进 2 字符，操作步骤略。

6．文本的查找与替换

在文档中人工查找一个字或者一个词是非常困难的，而将一篇文档中的某个字或词替换为另一个字或词，更是无比烦琐。使用 Word 2010 的"查找"和"替换"功能，可以方便、快速地完成上述工作。

图 3-33　"编辑"工具组

查找文档中的文本"班得瑞"，并将其将替换为单词"Bandari"，操作步骤如下。

（1）在"开始"选项卡选择"编辑"工具组中"查找"命令，如图 3-33 所示，或按下 Ctrl + F 组合键，打开"导航"窗格。

在"导航"窗格文本框中输入需要查找的文字"班得瑞"，如图 3-34 所示。该文本框最多可以输入 255 个字符。

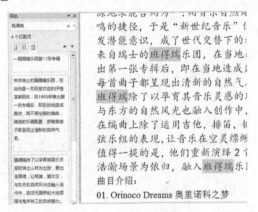

图 3-34　"导航"窗格

输入文字后，在文本框下面会显示出被搜索文字在文档中匹配项的个数，搜索的指定文字也会在正文部分全部以黄色高亮标识出来。

（2）替换文本。

①在"开始"选项卡选择"编辑"工具组中的"替换"命令或按下 Ctrl + H 组合键，打开"查找和替换"对话框。

②在"替换"选项卡中"查找内容"文本框中输入要被替换的内容"班得瑞"，在"替换为"文本框中输入要替换的内容"Bandari"，如图 3-35 所示。

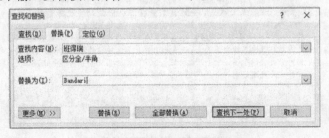

图 3-35　"查找和替换"对话框

③单击"查找下一处"按钮找到需要替换的位置后，单击"替换"按钮进行替换。也可以单击"全部替换"按钮，一次将所有符合查找条件的文本全部替换。

7．分栏排版

所谓分栏就是将一段文本分成并排的几栏。方格中的文字不能分栏。

将正文第 3 段分为 2 栏，栏距 1 cm，栏间加"分隔线"，操作步骤如下。

（1）选定要分栏的文本（正文第 3 段）；

（2）在"页面布局"选项卡中的"页面设置"工具组"分栏"命令按钮中选择"更多分栏"命令，如图 3 - 36 所示，打开"分栏"对话框。

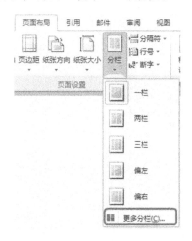

图 3 - 36　"更多分栏"命令

（3）在"预设"分栏选项组中选择"两栏"，勾选"分隔线"复选框，在"宽度和间距"区域的"间距"文本框中输入"1 厘米"，如图 3 - 37 所示，单击"确定"按钮。

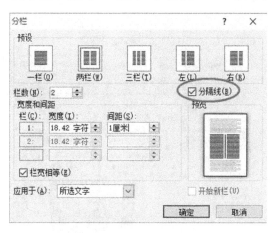

图 3 - 37　"分栏"对话框

8．图文混排

Word 2010 中具有强大的对象插入功能，巧妙地运用这些技术，不仅可以实现许多需

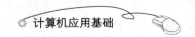

求，而且可以使用户的文档锦上添花，制作出精美的、赏心悦目的图文混排的文档。

1）插入图片

将"专辑封面.jpg"插入到正文中，图片设置为"四周型"环绕方式，操作步骤如下。

（1）在文档中将光标定位到要插入图片的位置。

（2）单击"插入"选项卡中"插图"工具组上的"图片"按钮，打开"插入图片"对话框。

（3）在"插入图片"对话框中的找到图片存放的位置，单击要插入的图片，如图3-38所示。

图3-38　"插入图片"对话框

（4）单击"插入"按钮即将所选图片插入到文档中，效果如图3-39所示，同时开打了图片工具"格式"选项卡。

图3-39　插入图片后效果

（5）选中文档中的"专辑封面．jpg"，在图片工具"格式"选项卡上单击"排列"命令组中的"自动换行"命令按钮。

（6）在打开的"布局"菜单列表中选择"四周型环绕"，如图 3－40 所示。

（7）适当调整图片位置，效果如图 3－41 所示。

图 3－40　"布局"菜单列表　　　　图 3－41　"四周型环绕"效果

> **说明**
>
> 选择图片，单击鼠标右键，在弹出的快捷菜单中选择"自动换行"命令，如图 3－42 所示，同样可以对图片进行编辑。选择"自动换行"→"其他布局选项"命令，打开"布局"对话框，选择"文字环绕"选项卡，可见图片的环绕方式有 7 种：嵌入型（默认方式）、四周型、紧密型、穿越型、上下型、衬于文字下方和浮于文字上方，如图 3－43 所示。

● 嵌入型：排版时图片被当成一个特殊字符对待，随着文字的移动而移动，可以像对待文字那样对"嵌入型"图片进行各种排版操作。

● 四周型：四周型环绕，无论图片是否为矩形图片，文字以矩形方式环绕在图片四周。

● 紧密型：如果图片是矩形，则文字以矩形方式环绕在图片四周，如果图片是不规则图形，则文字将紧密环绕在图片四周。

● 穿越型：类似于紧密型环绕，但文字可进入图片空白处。

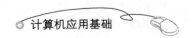

- 上下型：图片位于两行文字中间，图片两侧无文字。
- 衬于文字下方：图片在下、文字在上，文字会覆盖图片。
- 浮于文字上方：图片在上、文字在下，图片会覆盖文字，与"衬于文字下方"相反。

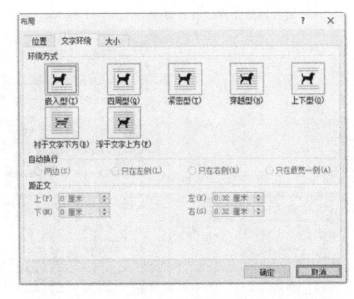

图 3 - 42　"自动换行"命令　　　　　　　**图 3 - 43　"布局"对话框**

图片环绕方式的效果如图 3 - 44 所示。

(a)　　　　　　(b)　　　　　　(c)

(d)　　　　　　(e)　　　　　　(f)

图 3 - 44　图片环绕方式效果

（a）嵌入型　（b）四周型　（c）紧密型　（d）上下型　（e）衬于文字下方　（f）浮于文字上方

2）绘制自选图形

在 Word 中，除了可以绘制直线、矩形、椭圆和圆这些基本图形外，还可以绘制许多自选图形。

在标题"雾色山脉"旁绘制 4 颗"十字星"，颜色设置为"金色"，操作步骤如下。

（1）将插入点定位到要绘制十字星的位置。

（2）单击"插入"选项卡中"插图"工具组上的"形状"命令按钮，在弹出的菜单中选择"星与旗帜"下的"十字星"。

（3）鼠标变成"十"字形后，在空白幻灯片上拖曳鼠标，绘制自选图形。

（4）选择"十字星"图形，在图片工具"格式"选项卡上分别单击"形状样式"命令组中的"形状填充"和"形状轮廓"命令按钮，将"十字星"的形状填充色和线条颜色均设置为标准色"黄色"，如图 3－45 所示。

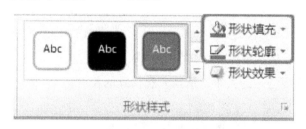

图 3－45　"设置自选图形格式"对话框

（5）复制"十字星"并粘贴到标题的周围。选中图像后，图像周围会出现 8 个尺寸控制点和一个"自由旋转"控制点，如图 3－46 所示，拖曳控制点调整"十字星"尺寸大小和旋转角度，直到满意为止，效果如图 3－47 所示。

图 3－46　图像控制点　　　　　　**图 3－47　添加自选图形效果**

3）插入艺术横线

在正文段落和"曲目介绍"之间添加一条艺术横线，操作步骤如下。

（1）将插入点定位到正文第 3 段和"曲目介绍"之间，即要添加艺术横线的位置。

（2）单击"页面布局"选项卡中"页面背景"工具组上的"页面边框"按钮，打开"边框和底纹"对话框。

（3）在对话框中单击"横线"按钮 横线(H)... ；打开"横线"对话框，在对话框中选择适当的横线样式，如图 3－48 所示，单击"确定"按钮。

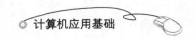

图 3 - 48　"横线"对话框

（4）根据放置横线空间的大小，适当调整横线的长度。

9. 用"文本框"实现分栏效果

1）绘制文本框

（1）单击"插入"选项卡中"插图"工具组上的"形状"命令按钮，在弹出的菜单中选择"新建绘图画布"命令，系统自动创建绘图画布。

（2）单击"插入"选项卡中"插图"工具组上的"形状"命令按钮，在弹出的菜单中选择基本形状下的"文本框"按钮，在画布中插入两个"横排文本框"，如图 3 - 49 所示。

图 3 - 49　在画布上插入两个文本框

2）设置文本框的链接

（1）将曲目介绍的所有文字内容复制到第一个文本框中，如图 3 - 50 所示。

图 3-50　两个文本框链接前

（2）选择第一个文本框，在绘图工具"格式"选项卡上单击"文本"命令组中的"创建链接"按钮 ，将鼠标移至第二个文本框中，当鼠标形状变成 时单击鼠标左键，此时第一个文本框中显示不下的内容就会紧接着转移到第二个文本框中，实现了左右两个文本框的链接。适当调整绘图画布和文本框大小，如图 3 - 51 所示。

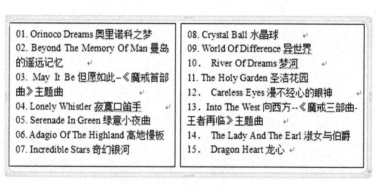

图 3-51　两个文本框链接后

（3）设置文本"曲目介绍"和曲目列表文本字体为"幼圆""五号"。

3）设置文本框和画布边框格式

将曲目列表设置为预设颜色"碧海青天"的边框，操作步骤如下。

（1）按住 Shift 键依次双击两个文本框的边框，在绘图工具"格式"选项卡中选择"形状样式"组，单击该组右下角"设置形状格式"对话框启动按钮 ，打开"设置形状格式"对话框，将文本框的"填充"设为"无填充"，"线条颜色"设置为"无线条"，去掉两个文本框的外框线，如图 3-52 所示。

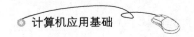
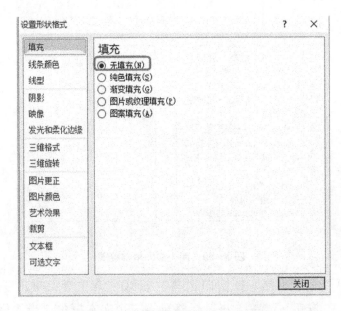

图3-52　"设置形状格式"对话框1

（2）单击绘图画布边框，在绘图工具"格式"选项卡中选择"形状样式"组，单击该组右下角"设置形状格式"对话框启动按钮 ，打开"设置形状格式"对话框，将绘图画布的"填充"设为"水绿色，强调文字颜色5，淡色60%"，如图3-53所示。

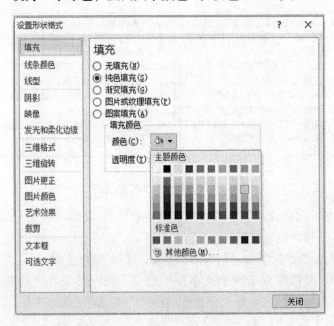

图3-53　"设置形状格式"对话框2

（3）在打开的"设置形状格式"对话框中，单击"线条颜色"菜单，选择"渐变线"单选按钮，在"预设颜色"菜单中选择"碧海青天"，如图3-54所示。

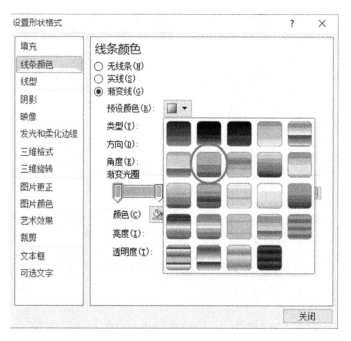

图 3 - 54　"设置形状格式"对话框 3

（4）单击"线型"菜单，设置线条的"宽带"为"10 磅"。单击"关闭"按钮后，绘图画布最终效果如图 3 - 55 所示。

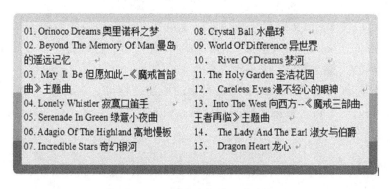

图 3 - 55　设置艺术框线的最终效果

3.4　任务三：设计学习备忘录

【任务描述】

进入大学的小明同学，学习非常刻苦，计划在校期间通过大学生英语 4 级考试，为此，一踏进校园，他就制订学习计划，准备制作一张学习备忘，对每周记单词的数量做出计划，并在一周介绍时进行统计。通过使用 Word 2010 绘制一个表格，设置表格的边框底纹，对单元格进行适当的拆分与合并，完成一个学习备忘录的制作。效果如图 3 - 56 所示。

第 X 周学习备忘录

制订人：XXX	科目：英语	日期：
本周重点	本周主要对英语四级单词进行记忆	
时间	学习计划	实际学习量
周 一	8	5
周 二	8	3
周 三	8	7
周 四	8	8
周 五	8	6
记 忆 总 量	29	

图 3-56　学习备忘录表格

【任务分析】

学习有计划是一个很好的习惯，一份成功的学习计划，不应过简，也不必过繁，更不必为制订这份计划而耗费过多时间。书面计划的优点，在于其"白纸黑字"的监督作用。表格形式的学习计划看起来一目了然，便于实施。但并不是每个人每天都能够按照计划来实施学习，因此，也必然存在着计划与实际之间的偏差。设计学习备忘录需分两种情况：一种是一周工作计划，另一种是一周中每天的实际完成情况。

使用表格可以使 Word 文档看起来简洁，是对文字进行排版的有效方式之一。使用表格制作个人学习备忘录，会使人感觉整洁、清晰、有条理，有效提高学习效率。本节将制作效果如图所示的"第×周学习备忘录"。

本任务要求掌握使用 Word 2010 完成表格的创建与修饰，表格单元格的拆分与合并，表格中数据的输入与编辑，数据的排序和计算。

【工作流程】

（1）绘制表格。

（2）在表格中输入文字。

（3）调整单元格的高度或宽度。

（4）插入新行。

（5）合并单元格。

（6）数据的计算。

（7）美化表格。

（8）设置保护密码。

【基本操作】

1. 表格和单元格

表格由垂直列和水平行组成，行和列交叉而成的矩形部分称为单元格。

2．表格的编辑

以表格为对象的编辑包括表格的移动、缩放、合并和拆分等。

3．单元格的编辑

以单元格为对象的编辑包括单元格的插入、删除、移动和复制，单元格的高度和宽度设置，单元格中对象的对齐方式设置等。

【详细步骤】

1．制作表格标题

新建一个名为"第×周学习备忘录"的 Word 文档，在新建的文档中输入表格标题"第×周学习备忘录"，并设置格式为"华文新魏""一号""加粗""居中""字符间距加宽 3 磅"。（操作步骤略）

2．绘制表格

Word 整合了表格功能，用来完成数据的录入、归类和简单的数据统计，利用 Word 2010 可以快速建立一份表格。

建立一个 7 行 3 列的表格。绘制表格的操作步骤如下。

（1）在"插入"选项卡中的"表格"工具组中单击"表格"命令按钮，选择"插入表格"命令，如图 3 - 57 所示，打开"插入表格"对话框，如图 3 - 58 所示。

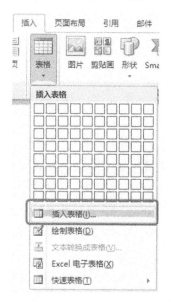
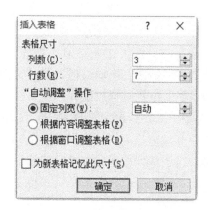

图 3 - 57　"表格"菜单　　　图 3 - 58　"插入表格"对话框

（2）在"表格尺寸"区域，"列数"设置值为 3，"行数"设置值为 7，单击"确定"按钮，生成一个 7 行 3 列的表格，如图 3 - 59 所示。

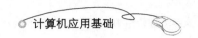

第 X 周学习备忘录

图 3-59　插入 7 行 3 列表格

3. 在表格中输入文字

确定了备忘录要表达的主题内容，在表格中输入如图 3-56 所示的内容，操作步骤如下。

（1）鼠标单击表格的第一行第一列，将插入点定位在该单元格，输入文字"时间"。

（2）按 Tab 键或→键将插入点向右移动，分别输入"学习计划"和"实际学习量"。

（3）按"↓"键将插入点向下移动，也可以直接将插入点定位在需要输入文字的空白单元格，分别输入相应的内容。

4. 调整单元格的高度或宽度

通常情况下，单元格会根据输入的文字自动确定高度和宽度，而不需要专门进行设置，但在实际应用中，为了使表格的整体效果美观，需要对其进行调整。

参考如图 3-56 所示的表格样例，利用标尺调整各单元格的行高和列宽，操作步骤如下。

（1）将鼠标指针停留在表格第二列的右框线上，当指针变成左右双箭头 ↔ 时，单击鼠标左键选中列标记向左拖动边框，同时文档窗口里会出现一条垂直虚线随着鼠标指针移动，调整到适当的位置时释放鼠标。

（2）将鼠标指针移动到垂直标尺的行标记上，直到指针变成调整表格行的上下双箭头 ↕ 时，单击鼠标左键选中行标记，向上拖动行标记，文档窗口里会出现一条水平虚线随着鼠标指针移动，调整到适当的位置时释放鼠标。

参考如图 3-56 所示的表格样例，将表格第 1 行的单元格的行高设置为 1 cm，操作步骤如下。

（1）选定第一行的任意一个单元格：将鼠标放到该单元格的左侧，等到鼠标指针变成指向右的黑色箭头 ➚ 时，单击鼠标即可选定一个单元格，选定的单元格会全黑显示。

（2）选中表格即会出现"表格工具"，如图 3-60 所示，在"布局"选项卡中"单元格大小"工具组的"高度"对话框中输入"1 厘米"。

图 3 - 60　表格工具

（3）或者单击该组右下角"表格属性"对话框启动按钮 ，打开"表格属性"对话框。

（4）选择"行"选项卡，选中"指定高度"复选框，在其后面的数字框中输入"1厘米"，如图 3 - 61 所示，单击"确定"按钮。

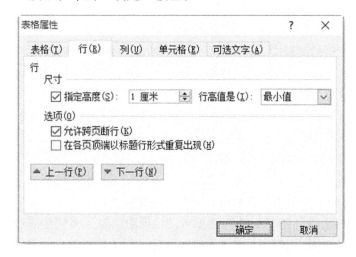

图 3 - 61　"表格属性"对话框

5. 插入新行

为了强调本周学习的重点内容，可以在表格的开头位置输入相应内容，但这时发现没有相应的空行段落标示，从而导致无法在表格之外输入文字，需要在表头上方新建单元格以完成输入。

将表格整体下移，并在表格顶端新增两行单元格，具体操作步骤如下。

（1）将插入点置于第一行表格的任意单元格中。

（2）在"表格工具"的"布局"选项卡"行和列"工具组中选择"在上方插入"命令，在表头上方增加一行新的空白单元格，如图 3 - 62 所示。

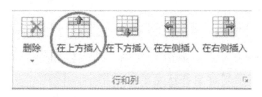

图 3 - 62　"在上方插入"命令

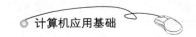
（3）将鼠标移动到表格新增的第一行最左侧，当光标变成倾斜向右 ↗ 时，点击鼠标左键选中整行。

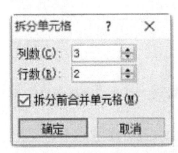

图3－63　"拆分单元格"对话框

（4）在"表格工具"的"布局"选项卡"合并"工具组中选择"拆分单元格"命令按钮，打开"拆分单元格"对话框。

（5）在"拆分单元格"对话框中，将"列数"设置为"3"，"行数"设置为"2"，如图3－63所示，单击"确定"按钮，将新增行拆分为两行。

（6）在表头新增的两行空白单元格中输入如图3－56所示的文字。

6. 合并单元格

在设计复杂表格的过程中，若需要把表格中的若干个单元格合并成一个单元格，可以利用 Word 提供的合并单元格功能。在第2行"本周重点"左侧有两个单元格，需要合并成一个单元格，这样可以使表格更美观，也便于填写内容。

将表格第2行中的第2~3列合并成一个单元格，将最后一行的第2~3单元格合并成一个单元格，操作步骤如下。

（1）选择第2行中的第2~3列单元格。

（2）在"表格工具"的"布局"选项卡"合并"工具组中选择"合并单元格"命令按钮，2个单元格即合并为1个单元格，第2行完成设置。

（3）在"表格工具"的"设计"选项卡"绘图边框"工具组中选择"擦除"命令按钮 ▦，光标随后变成橡皮擦形状 ⌫，移动到最后一行需要擦除的框线上，按住鼠标左键不放，当线条变成粗线后释放鼠标，完成线条的擦除工作，使两个单元格合并成一个单元格。

7. 数据的计算

一般情况下，需要计算的表格数据都是在 Excel 中算出结果，再把处理后的表格复制到 Word 中进行排版。其实 Word 表格也具有很强的计算能力，完全可以胜任一般的计算。

参照图3－56所示输入每日单词的实际记忆量。使用 Word 的计算功能，完成对本周单词记忆总量的计算，操作步骤如下。

（1）将插入点置于要放置求和结果的单元格中。

（2）在"表格工具"的"布局"选项卡"数据"工具组中选择"公式"命令按钮 f_x，打开"公式"对话框。

（3）在"公式"框中输入计算公式：

①如果选定的单元格位于一列数值的底端，默认公式为"= SUM（ABOVE）"，即求上方所有数值的和，并将结果存放在选定的单元格中；

②如果选定的单元格位于一列数值的顶端，默认公式为"= SUM（BELOW）"，即求下方所有数值的和，并将结果存放在选定的单元格中；

③如果选定的单元格位于一列数值的左端，默认公式为"＝SUM（RIGHT）"，即求右方所有数值的和，并将结果存放在选定的单元格中；

④如果选定的单元格位于一列数值的右端，默认公式为"＝SUM（LEFT）"，即求左方所有数值的和，并将结果存放在选定的单元格中；

⑤计算平均值、最大值、最小值，把 SUM 函数换成 AVERAGE、MAX、MIN 函数即可。

（4）在"编号格式"下拉列表框中选择编号格式，可以确定小数的位置。

（5）单击"确定"按钮，即可计算单词记忆总量，如图 3－64 所示。

图 3－64　"公式"对话框

8. 美化表格

在表格中，可以在水平和垂直两个方向对单元格中的对象进行调整。而对表格边框和底纹进行设置，则可以对创建的表格进行修饰，以上操作起到了对表格版面的美化效果。

参照表格样例图 3－56，将表格中第 3 行的文字设置为"中部居中"，第 2 行第 2 列文字的对齐方式设置为"垂直居中"，段落对齐方式设置为"两端对齐"，操作步骤如下。

（1）选定表格的第 3 行。

（2）在"表格工具"的"布局"选项卡"对齐方式"工具组中，共列出了 9 个单元格对齐按钮，每个按钮同时包含了水平和垂直两个方向的对齐方式，选择"中部居中"按钮，如图 3－65 所示。

（3）选定表格的第 2 行第 2 列的单元格，在"表格工具"中"布局"选项卡的"单元格大小"工具组，单击该组右下角"表格属性"对话框启动按钮，打开"表格属性"对话框。

（4）选择"单元格"选项卡，在"垂直对齐方式"区域选择"居中"，如图 3－66 所示，单击"确定"按钮设置选定文字的垂直对齐方式。

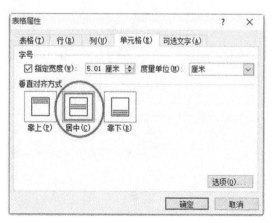

图 3－65　对齐方式列表　　　　图 3－66　"单元格"选项卡

105

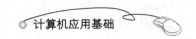

（5）单击"开始"选项卡中"段落"工具组上的"两端对齐"按钮▦，设置选定的文字的对齐方式。

参照表格样例，将表格中相应单元格的底纹设置为"白色，背景1，深色25％"，并将这些单元格中的字符设置为"华文行楷""四号""加粗"。表格的内框线设置为"虚线"，外侧框线设置为"双细线"，操作步骤如下。

（1）按住 Ctrl 键，分别单击相应的单元格，选中所有需要设置底纹的单元格。

（2）在表格工具"设计"选项卡上单击"表格样式"命令组中的"底纹"按钮▦旁的下拉箭头，弹出列表框，选择主题颜色"白色，背景1，深色25％"。

（3）在"开始"选项卡中"字体"工具组中的"字体"下拉列表框中选择"华文行楷"，"字号"下拉列表框中选择"四号"，单击"加粗"按钮▣，完成单元格内字体的设置。

参照表格样例图3－56，表格的内框线设置为"虚线"，外侧框线设置为"双细线"，操作步骤如下。

（1）将鼠标指针停留在表格上，直到表格的左上角出现"表格移动控制点"⊞，右下角出现"表格尺寸控制点"⌐，单击"⊞"或"⌐"选定整个表格。

（2）在"表格工具"中"设计"选项卡的"绘图边框"工具组中单击该组右下角"边框和底纹"对话框启动按钮▣，打开"边框和底纹"对话框。

（3）选择"边框"选项卡，在"设置"区域选择"方框"，在"格式"列表框中选择"双细线"，单击"确定"按钮，如图3－67所示。

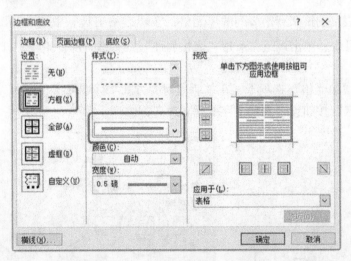

图3－67　"边框和底纹"对话框

（4）在"表格工具"中"设计"选项卡的"绘图边框"工具组中单击"笔样式"按钮▭·旁的下拉箭头，在弹出的"线型"下拉列表框中选择第5种线型，如图3－68所示。

（5）在"表格工具"中"设计"选项卡的"表格样式"工具组中单击"边框"按钮旁的下拉箭头，在弹出的边框类型列表框中选择"内部框线"，如图 3 - 69 所示，完成对表格框线的设置。

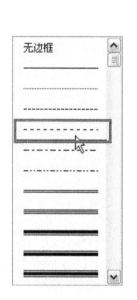

图 3 - 68　线型列表　　　**图 3 - 69　"边框类型"列表**

9. 设置保护密码

（1）选择"文件"选项卡中的"另存为"命令，打开"另存为"对话框。

（2）单击"工具"按钮 工具(L)　右边的下拉箭头，打开下拉列表，选择"常规选项"命令，如图 3 - 70 所示。

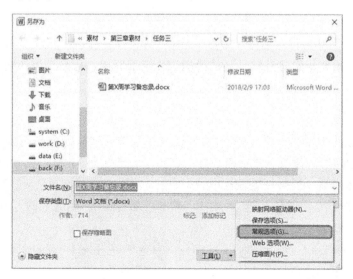

图 3 - 70　"工具"下拉列表

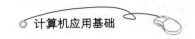

（3）打开"常规选项"对话框，在"此文档的文件加密选项"区域"打开文件时的密码"文本框中输入自定义密码，单击"确定"按钮，如图3-71所示。

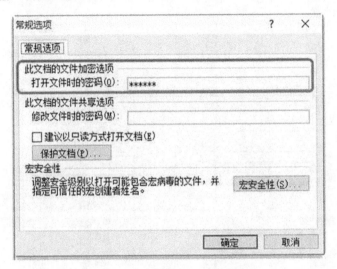

图3-71　"常规选项"对话框

（4）弹出"确认密码"对话框，在"请再次键入打开文件时的密码"文本框中再次输入刚才的自定义密码，单击"确定"按钮，如图3-72所示。

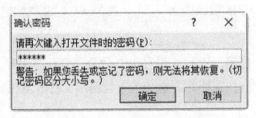

图3-72　"确认密码"对话框

（5）返回"另存为"对话框，单击"保存"按钮完成设置。

至此，对"第×周学习备忘录"的排版工作全部完成，最终效果如图3-56所示。

【技能提高】

1．数据的排序

将素材"数据排序.docx"里的学生成绩表按数学成绩从低分到高分排序，当两个学生的数学成绩相同时，再按总成绩递增排序。操作步骤如下。

（1）将插入点置于要排序的表格中。

（2）在表格工具"布局"选项卡中，单击"数据"工具组上的"排序"命令按钮，打开"排序"对话框。

（3）在"主要关键字"下拉列表框选择"数学"，"类型"下拉列表框选择"数字"，再选择"升序"单选按钮。

（4）在"次要关键字"下拉列表框选择"总成绩"，"类型"下拉列表框选择"数字"，再选择"升序"单选按钮。

（5）在"列表"选项组里选择"有标题行"单选按钮，单击"确定"按钮完成设置，如图 3-73 所示。

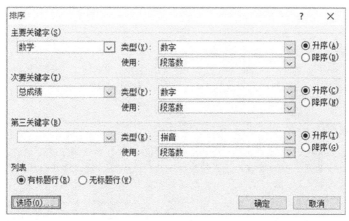

图 3-73　"排序"对话框

2. 多窗口和多文档的编辑

1）拆分窗口

拆分窗口可以将一个文档不同位置的两部分分别显示在两个窗口中，从而可以很方便地编辑文档。

将"春.docx"拆分，操作步骤如下。

（1）单击"视图"选项卡中"窗口"工具组上的"拆分"命令按钮，窗口中出现一条可移动的灰色水平横线，如图 3-74 所示。

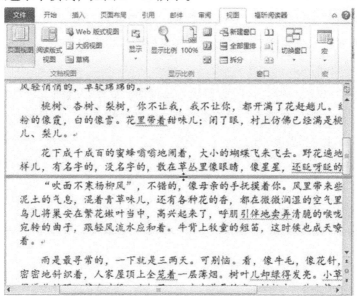

图 3-74　拆分线

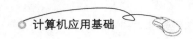

（2）移动鼠标调整横线位置，单击鼠标左键即可设置拆分点，即拆分的两个窗口大小。

（3）如果要调整窗口大小，只需将鼠标指针移动到上下两个窗口的分界线上，鼠标指针变成上下双箭头↨时，拖动鼠标即可调整窗口大小，如图3-75所示。

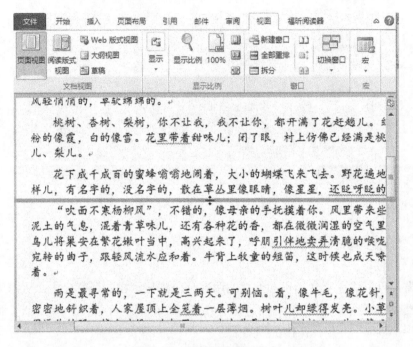

图3-75 调整拆分窗口大小

2）并排比较

如果需要对两个文档进行比较，可以使用"窗口"命令组的"并排查看"命令，使两个文件窗口并列显示在屏幕上，对每个文档窗口均可独立操作。

3．取消保护密码

取消为素材"密码保护.docx"设置的密码保护，操作步骤如下。

（1）使用正确的密码打开文档（预设密码为123456）。

（2）选择"文件"选项卡中的"另存为"命令，打开"另存为"对话框。

（3）单击"工具"按钮 工具(L) 右边的下拉箭头，开打下拉列表，选择"常规选项"命令。

（4）打开"安全性"对话框，将"此文档的文件加密选项"区域"打开文件时的密码"文本框中的密码全部删除，单击"确定"按钮，如图3-76所示。

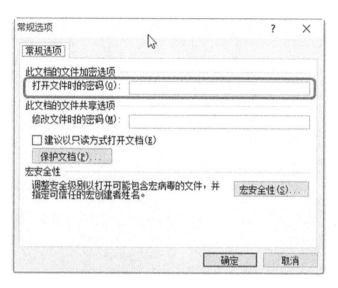

图 3-76　删除密码

（5）单击"确定"按钮，返回"另存为"对话框，单击"保存"按钮完成设置。

4．文本与表格间的互相转换

我们经常需要将一些文本做成表格，如果先做好一个表格，然后再将文字粘贴进去，文字量大的话就非常耗时而且烦琐。Word 里面有一项文本和表格互换的功能，能比较方便地完成表格和文本之间的互相转换。

1）文本转换为表格

文本转换为表格的前提条件是每列文本之间要有相应的分隔符，如空格（个数不限）、逗号、制表符、分号等都可以，但是分隔符要统一。将"文本转换表格.docx"的文本转换为表格，操作步骤如下。

（1）插入分隔符。在文本"文本转表格"间添加空格，如图 3-77 所示。

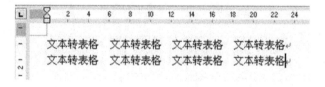

图 3-77　在文本间添加空格

（2）选择需要转换的文本，如图 3-78 所示。

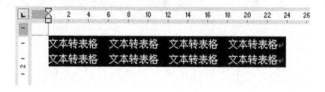

图 3-78　选择文本

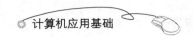

（3）在"插入"选项卡中的"表格"工具组中单击"表格"命令按钮，选择"文本转换成表格"命令，如图3-79所示，打开"将文字转换成表格"对话框。

（4）在"将文字转换成表格"对话框中，在"表格尺寸"区域设置"列数"为"4"，"行数"由系统根据"段落标记符"↵的个数自动设置为"2"，在"文字分隔位置"区域选择"空格"单选按钮，如图3-80所示，单击"确定"按钮。

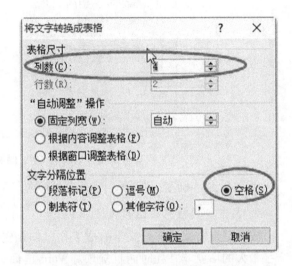

3-79 "文本转换成表格"命令　　　　图3-80 "将文字转换成表格"对话框

（5）可见文本被转换成一个由2行4列组成的表格，如图3-81所示。

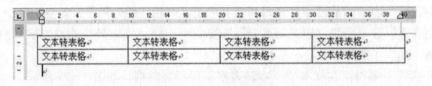

图3-81 转换生成表格

2）表格转换为文本

将"表格转换文本.docx"中的表格转换为文本，操作步骤如下。

（1）选择需要被转换的表格，如图3-82所示。

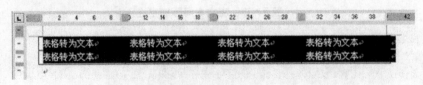

图3-82 选中表格

（2）在"表格工具"的"布局"选项卡"数据"工具组中选择"转换为文本"命令按钮🔳，打开"表格转换成文本"对话框。

（3）在"表格转换成文本"对话框中的"文字分隔符"区域选择"其他字符"单选

按钮，在文本框中输入逗号符",", 作为文本间的分隔符，如图 3－83 所示，单击"确定"按钮。

（4）可见原表格被转换为用逗号作为文本间的分隔符的 2 行文本，如图 3－84 所示。

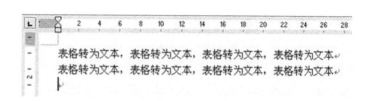

图 3－83　"表格转换成文本"对话框　　　　　图 3－84　转换为文本

拓展阅读

排版时常用汉字字体字号的介绍及选用原则如下。

1．字体

字体，是指字的各种不同的形状，也有人说是笔画姿态。常见基本汉字字体有宋体、仿宋体、楷体和黑体。除这四种基本字体外，字处理软件还提供许多种印刷字体供人们选用，如书宋体、报宋体、隶书体、美黑体、广告体、行草体等。

1）宋体

宋体也称书宋。笔画横平竖直，粗细适中，疏密布局合理，使人看起来清晰爽目，久读不易疲劳且阅读速度快，一般书刊的正文都用宋体。

宋体的另一优点是印刷适性好。一般书刊正文都用 5 号字，由于宋体的笔画粗细适中，印出的笔道完整清晰。若用 5 号仿宋，因笔画太细，易使字残缺不全。若用楷体，又因笔画较粗，易使多笔画字模糊。

2）仿宋

仿宋由古代的仿宋刻本发展而来，是古代的印刷体。笔画粗细一致，起落锋芒突出。阅读效果不如宋体，因此一般书刊正文不用仿宋体，它一般用在：

（1）作中小号标题；

（2）报刊中的短文正文；

（3）小 4 号、4 号、3 号字的文件；

（4）古典、文献和仿古版面。

3）长仿宋

仿宋字体拉长，能节约横向空间。

4）楷体

楷体笔画接近于手写体，直接由古代书法发展而来，字体端正、匀称。一般用于：

（1）小学课本及幼教读物，选用 4 号楷体便于孩子们模仿与摹写；

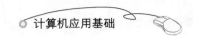

（2）中、小号标题，作者的署名等，以示与正文字体相异而突出，但用楷体作标题时，至少要比正文大一个字号，否则标题字会显得比正文还小；

（3）报刊中的短文正文。

5）黑体

黑体又称等线体、粗体、平体、方头体。字体方正饱满，横竖笔画粗细相同，平直粗黑，是受西文等线黑体的影响而设计的，一般用于：

（1）各级大小标题字，封面字；

（2）正文中要突出的部分。

6）魏碑

魏碑最露锋芒，也可用于标题。

7）隶书

隶书字体扁，较适合做文章标题。

2. 字号规格

印刷文字有大、小变化，字处理软件中汉字字形大小的计量，目前主要采用印刷业专用的号数制、点数制和级数制。尺寸规格以正方形的汉字为准，对于长或扁的变形字，则要用字的双向尺寸参数。

（1）号数制。汉字大小定为七个等级，按一、二、三、四、五、六、七排列，在字号等级之间又增加一些字号，并取名为小几号字，如小四号、小五号等。号数越高，字越小。

（2）点数制。点数制是国际上通行的印刷字形的一种计量方法。这里的"点"不是计算机字形的点阵，而是传统计量字大小的单位，是从英文 Point 翻译过来的，一般用小写 p 表示，俗称"磅"。其换算关系为：

$$1\ p = 0.35146\ mm \approx 0.35\ mm$$

$$1\ in = 72\ p$$

（3）级数制实际上是手动照排机实行的一种字形计量制式。它是根据这种机器上控制字形大小的镜头的齿轮，每移动一个齿为一级，并规定 1 级 = 0.25 mm，1 mm = 4 级。有不少的电子排版系统在字形大小上也支持级数制。我国对于级数制有国家标准，即 GB 3959—83。

（4）号数制、点数制与级数制之间的换算关系见表 3-1。

表 3-1　印刷字号、磅数和级数一览表

字号	磅数	级数	（近似）毫米	主要用途
七号	5.25	8	1.84	排角标
小六号	7.78	10	2.46	排角标、注文
六号	7.87	11	2.8	脚注、版权注文
小五号	9	13	3.15	注文、报刊正文

（续）

字号	磅数	级数	（近似）毫米	主要用途
五号	10.5	15	3.67	书刊报纸正文
小四号	12	18	4.2	标题、正文
四号	13.75	20	4.81	标题、公文正文
三号	15.75	22	5.62	标题、公文正文
小二号	18	24	6.36	标题
二号	21	28	7.35	标题
小一号	24	34	8.5	标题
一号	27.5	38	9.63	标题
小初号	36	50	12.6	标题
初号	42	59	14.7	标题

3. 字体、字号及行距的选择

1）排版用字的基本原则

（1）开本幅面大小——用字大小与出版物幅面成正比。

（2）版内容——重要的内容用字大一些。

（3）篇幅长短——用字大小与篇幅长短成反比。

2）标题排版中常用的字号与字体

版面标题字大小选择的主要依据是标题的级别层次、版面开本的大小、文章篇幅长短和出版物的类型及风格四个方面。

（1）图书标题的字体与字号。

图书标题字体大小主要根据标题级别来选择，常见的大字标题选择范围如下。

16 开版面的大字标题可选用小初号（36 p）、一号（27.5 p）和二号字（21 p）；

32 开版面的大字标题可选用二号字（21 p）和三号字（15.75 p）；

64 开版面的大字标题可选用三号字（15.75 p）和四号字（13.75 p）。

图书排版中，标题往往要分级处理，因此标题字一般要根据级别的划分来选择字号大小和字体变化。一级标题选用字号最大，而后依次递减排列，由大到小。

图书标题的字体一般不追求太多变化，多是采用黑体、标题宋体、仿宋体和楷体等基本字体，不同级数用不同字体。

（2）期刊标题的字体与字号。

期刊非常重视标题的处理，把标题排版作为版面修饰的主要手段。标题的字体变化更为讲究，用于期刊的排版系统一般要配有十几到几十种字体，才能满足标题用字的需要。

期刊的标题无分级要求，字形普遍要比图书标题大，字体的选择多样，字形的变化修

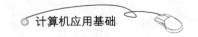

饰更为丰富。期刊标题的排法要能够体现出版物特色，与文章内容、栏目等内容风格相符。

（3）报纸标题的字体与字号。

报纸标题的用字非常讲究，标题字大小要根据文章内容、版面位置、篇幅长短进行安排，字体上尽量追求多样化。编排报纸在考察选购字处理系统时，非常注重字体的品种数量，字体要配齐全，否则不能满足编排报纸的需要。

公文的标题用字主要有两部分，一是文头字，二是正文标题字。文头就是文件的名称，多用较大的标题字，如标宋体、大黑体、隶书、美黑体或者专门的手写体字；正文大标题多采用二号标题宋体或黑体，小标题采用三号黑体或标题宋体。公文用字比较严谨，字体变化不多，但需要注意的是，公文中的标题字不要用一般宋体，而应当使用标题宋体，如小标宋体，否则排出的版面不美观，标题不突出，显得"题压不住文"。

3）正文排版中的行距

文字的行与行之间必须留出一定的间隔才方便阅读，这种行与行之间的空白间隔就叫"行距"。版面正文之间的行距应当选择适当。行距过大显得版面稀疏，行距过小则阅读困难。行距一般根据正文字号来选定，可以得出如下的经验数据：

公文行距：正文字的 $2/3 \sim 1$；

图书行距：正文字的 $1/2 \sim 2/3$

工具书、辞书行距：正文字的 $1/4 \sim 1/2$

报纸行距：正文字的 $1/4 \sim 1/3$

一般排版的行距参数都在此范围之内选择。

4. 正文的基本排列形式

1）文字的密排、疏排与紧排

在传统排版中，正文有密排（正常排）和疏排之分。在电子排版中，还增加了一种特殊的排法——紧排。三种排法产生不同的效果。

密排是正常的排法，就是字与字之间无间隔挨着排列。在一些系统中，字与字之间的距离可以通过参数设定，密排时字间距为零。

疏排就是字与字之间有均匀的间隔。疏排常用于儿童读物、小学课本等特殊排版。在电子排版中，只要指定字间距参数，就可方便地实现文字的疏排。

紧排就是让字与字之间的排列有一点重叠，是电子排版的特殊功能。紧排可能造成字与字之间笔画的相连。一般很少使用这种排法，只用于报刊排版中正文剩下少量文字排不下时的"挤版"，或者按正常排显得过于稀疏的外文字符的特殊处理。

2）横排与竖排

印刷品排版中有横排和竖排之分，竖排也叫直排。我国历史上的出版物都是采用竖排方式，横排方式则是后来从外引进的。在字处理中，横排、竖排只是排列方式不同，横排与竖排之间的转换非常方便，往往一个操作或命令就可以实现全部或局部的竖排。就版面而言，竖排与横排之间相当于坐标系顺时针旋转 90°，行间距与字间距之间刚好互相颠倒。

竖排时，有许多排版规则和标点符号的使用与横排不同。如文章竖排时标题一般不居中，标点符号应自动换成竖排。横排转竖排的这种转换一般由字处理软件自动进行，无须用户考虑，但对有些功能不全的系统，也要注意检查。一些由国外引进的字处理软件或者排版软件往往不支持竖排，或者排出来的结果常常不符合要求，使用中要注意。竖排中如果有中西文混排，要注意外文字母和阿拉伯数字的排法。按我国大陆的规定，应当是竖放，即"头朝右、脚朝左"，而在我国的香港和台湾地区，也有横放形式的。

3）字行左齐、居中、右齐与撑满

横排文字都是左边对齐排。文字转到下一行（也叫回行），有换行与换段之分：换行则文字回行后靠左边顶头排；换段则文字回行后左边空两个字排，也叫"缩头排"。西文排版的换段形式比较多样，有些缩进一个或两个字符排版，也有换段后空一行顶格排的。除此之外，字行的排列还有居中、右齐和撑满的形式。

（1）字行居中。字行排在一行的中央位置，叫"居中"。排版中的标题、表格中的数据一般都居中排。在科技公式排版时，居中排也是一条基本原则。居中有左右居中和上下居中两种形式。

（2）字行右齐。有时文字内容需要靠右边对齐排，叫"右齐"，如目录的页码等内容。

（3）字行撑满。"撑满"排也叫"匀空排"，就是字与字之间均匀拉开距离，字行占满指定的宽度，如 4 个字占 8 个字的宽度。数量不相等的两行字，当需要左右对齐排列时，往往就需要撑满排。

4）基线对齐与中线对齐

在电子排版中，大小不同的字排列在一行时，有下线对齐排列（基线对齐）和中线对齐排列两种方法。

（1）基线对齐。"基线"是指一行字横排时下沿的基础线。大多数情况下，文字都是沿基线排列，竖排时，基线在字行的右侧。

（2）中线对齐。排数学公式、化学公式时，各种符号应当采用沿中线对齐排列，整体结构上也应当沿中线排列。

5）通栏与分栏

排版时正文文字的行长与版心的宽度相等，称为"通栏"。

分栏就是将版面分割成两部分（双栏）或多部分（多栏）。分栏的目的是为了方便阅读、丰富版面的变化或节省版面，是报纸、期刊及工具书中常见的文字排列形式。分栏时，栏与栏之间要空几个字，叫"栏空"。栏空处加一分隔线叫"栏线"。分栏的形式大多为等距分栏（栏与栏之间宽度一致），也有少量不等距分栏。分栏排时，应力求各栏最后"拉平"，防止结束时各栏行数不一致。

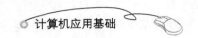

❦ 课后练习 ❦

利用提供的素材制作一份求职简历，效果如图 3 - 85 所示。

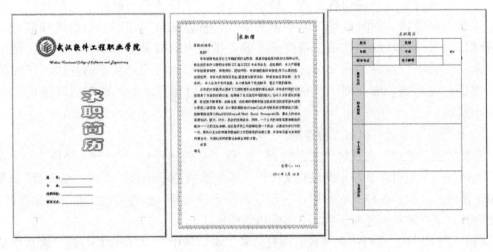

图 3 - 85　求职简历

1. 制作封面

（1）插入素材"校徽.JPG"和"校名.EMF"图片文件，适当调整图片大小。调整图片位置，使用"格式"菜单的"字体"命令，使用"字符间距"选项卡"位置"项"提升"18 磅。

（2）输入英文校名"Wuhan Vocational College of Software and Engineering"，并设置文本格式为"Harlow Solid Italic""四号"。

（3）插入艺术字"求职简历"，样式为"艺术字库"第 1 行第 6 个样式，字体设置为"华文彩云""加粗"，"艺术字字符间距"为"稀疏"。艺术字填充颜色为预设颜色"雨后初晴"。

（4）设置艺术字段前间距 5 行。

（5）输入"姓名""专业""应聘岗位"和"联系方式"等文本，并设置文本为"宋体""小四""加粗"，段落设置为"2 倍行距"。

2. 求职信排版

（1）复制"求职信（素材）.docx"的文字内容。

（2）在落款处插入当前日期。

（3）将标题"求职信"设置为"华文新魏""二号""加粗"，并设为"居中"。

（4）使用格式刷将称谓"尊敬的领导:"和落款（"自荐人"和日期）文本设置为"楷体""四号"。

（5）将正文文本（从"您好!"到"此致敬礼"）设置为"宋体""小四"，段落设置为"首行缩进 2 字符""1.5 倍"行距。

（6）将落款（"自荐人"和日期）设置为"右对齐""段前间距 2 行"。

（7）为"求职信"页面添加合适的页面边框。

3．制作个人简历表格

（1）参照图例绘制简历表格，并在对应的单元格内添加文字。

（2）设置标题"个人简历"文本为"楷体_ GB2312""三号"。

（3）合并表格的第 1～3 行的第 5 列的单元格，作为贴照片区域。

（4）设置单元格内文字为"黑体""小四""加粗"。

（5）设置对应的单元格底纹为"灰色 –15％"。

（6）将"教育经历""职业技能""个人荣誉""自我评价"文字方向设置为"竖排"。

（7）将各单元格内文字的"单元格对齐方式"设置为"中部居中"。

第4章 图表处理软件 Excel 2010 的使用

学习内容

Excel 2010 的工作簿及工作表的相关概念；

运用 Excel 2010，根据实际问题制作出对应的电子表格；

运用 Excel 2010 中提供的常用函数及公式完成实际问题中的计算；

能根据工作表所提供的数据绘制相应的图表并对图表加以修饰。

学习目标

技能目标：

掌握工作簿和工作表的创建、保存及关闭；

掌握工作表的数据输入、编辑和填充柄；

掌握工作表中单元格格式、行列属性、自动套用格式、条件格式的设置；

掌握工作表中利用公式和函数进行数据计算的方法；

掌握图表的创建、编辑与修饰；

掌握工作表数据清单的创建、排序、筛选和分类汇总。

Excel 2010 是 Microsoft 公司推出的图表处理软件，是办公自动化集成软件包 Office 2010 的重要组成部分。Excel 2010 具有友好的操作界面、功能强大，不仅能制表绘图，数据处理，而且还提供丰富的智能化的数据管理和数据计算，被广泛应用于统计分析、财务管理等各个方面，成为当今流行的图表处理软件，深受广大用户的青睐。

4.1 基本技能

4.1.1 技能1：Excel 2010 的启动、退出

1. 启动 Excel 2010

启动 Excel 2010，实际上是打开应用程序 Excel. exe。可以有多种方法，与启动 Word 2010 的方法相似，最常用的有以下4种方法。

（1）单击"开始"菜单→"所有程序"→"Microsoft Office"中的"Microsoft Excel 2010"选项，如图4-1所示，打开空白工作簿。

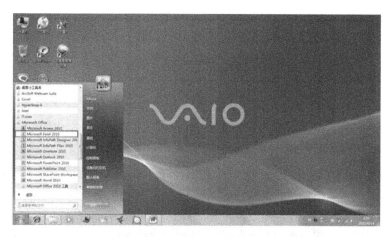

图 4 - 1　从"开始"菜单启动 Excel 2010

（2）鼠标双击桌面上 Excel 2010 快捷方式 启动 Excel 2010，打开空白工作簿。如果桌面上没有快捷方式图标，可以先将鼠标移动到"开始"菜单→"所有程序"菜单中的"Microsoft Office"文件夹里的"Microsoft Excel 2010"选项，再单击鼠标右键，在弹出的菜单中单击"发送到"命令中的"桌面快捷方式"选项创建快捷方式。

（3）创建新工作簿启动：在桌面或任意文件夹内，单击鼠标右键，从弹出的快捷菜单中选择"新建"命令中的"Microsoft Excel 工作表"，如图 4 - 2 所示，创建新工作簿。

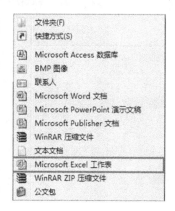

图 4 - 2　从右键菜单启动 Excel 2010

（4）鼠标双击计算机中已经存在的 Excel 文件，可直接启动 Excel 2010 并打开当前文件。

> **说明**
>
> 　　Excel 2010 可以打开并编辑 Excel 97 ~ 2003 创建的文件，即扩展名是"．xls"的文件，具备应用软件的向下兼容性。

2. 关闭当前工作簿和退出 Excel 2010

关闭当前工作簿与退出 Excel 2010 应用程序是不同的，如果只想关闭当前编辑的工作簿，但并不关闭 Excel 2010，则可以选择：

（1）功能区最右侧的"关闭窗口"命令 ；

（2）"文件"选项卡中"关闭"命令。

如果想关闭当前编辑的工作簿，同时也想关闭 Excel 2010 应用程序，则可以选择：

（1）单击关闭窗口按钮即 Excel2010 窗口最右侧的 ；

（2）选择"文件"选项卡中"退出"命令；

（3）单击 Excel 2010 软件标识 ，在下拉菜单中选择"关闭"命令；

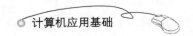

（4）使用组合键 Alt + F4。

4.1.2 技能2：掌握 Excel 2010 操作界面

启动 Excel 2010 创建空白工作簿，系统自动创建空工作簿"工作簿1"，进入如图 4-3所示的操作界面，一个既熟悉又陌生的界面呈现在我们面前。由于 Excel 2010 基本上继承了 Excel 2007 的界面，对于已经使用过 Excel 2007 的用户而言，Excel 2010 操作界面比较熟悉。相对于 Excel 2003，Excel 2010 的工作界面则有了质的变化，因此，Excel 2010 的工作界面就显得比较陌生了。

Excel 2010 操作界面包括：标题栏、功能区、编辑区、单元格区域、状态栏和滚动条。当然，在实际工作中，用户可以根据需要，显示和隐藏界面上的这些组成部分。大家可以对比上一章 Word 2010 的操作界面，整个界面布局存在相似之处。

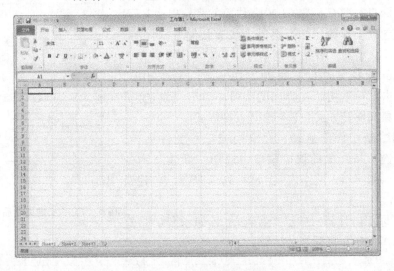

图 4-3　Excel 2010 操作界面

1. 标题栏

标题栏位于 Excel 窗口的最上方，主要包括4个方面的内容。

（1）位于标题栏最左端的是 Excel 2010 软件标识▣。

（2）在软件标识的右侧是"快速访问工具栏"，默认情况下依次为"保存""撤销"和"恢复"，如图 4-4 所示。

（3）在标题栏中间，是 Excel 工作簿名称，"工作簿1 - Microsoft Excel"；新建一个工作簿文件，Excel 2010 会自动用"工作簿1""工作簿2"……为工作簿命名。

（4）在标题栏右端是窗口控制按钮，依次为"最小化"按钮，"还原"按钮（"最大化"按钮）以及"关闭"按钮，如图 4-5 所示。

图 4-4　快速访问工具栏　　　　　图 4-5　窗口控制按钮

2. 功能区

功能区位于标题栏的下方，能帮助用户快速找到完成某一任务所需的命令，默认情况下由 8 个选项卡组成，分别是"文件""开始""插入""页面布局""公式""数据""审阅""视图"。每个选项卡中包含不同的功能区，每个功能区由若干个"组"组成，每个组由若干个功能相似的按钮和下拉列表组成，如图 4 - 6 所示。

图 4 - 6　"开始"选项卡

> **说明**
>
> Excel 2010 将功能类似、性质相近的多个命令按钮集成在一起，命名为"组"。用户可以非常方便地在组中选择命令按钮，编辑电子表格，如图 4 - 6 中"开始"选项卡中集合了"剪贴板"组、"字体"组、"对齐方式"组、"数字"组、"样式"组、"单元格"组和"编辑"组。有些组的右下角有一个 按钮，该按钮表示这个组还包含其他的对话框，可以进行更多设置和选择。

3. 编辑区

编辑区位于功能区的下方，由名称框和编辑栏组成。名称框显示当前单元格（或区域）的地址或名称；在编辑公式时，显示的是公式名称。编辑栏用来输入或编辑当前单元格的值或公式。编辑栏和名称框之间在编辑时有 3 个命令按钮，分别为：❌"取消"，撤销编辑内容；✅"输入"，确认编辑内容；*fx*"插入函数"，自动在当前单元格和编辑栏中输入一个" ＝"，即会弹出"插入函数"的对话框。

4. 单元格区域

在编辑区下方，约占整个窗口的 3/4 的区域就是表格编辑区，通过纵横交错的网格线将此区域分割成一个一个矩形的 Excel 表格基本单元即单元格。在单元格区域右侧是垂直滚动条，在单元格下方除了水平滚动条外，还有工作表切换按钮、工作表标签和添加工作表快捷按钮，如图 4 - 7 所示。

图 4 - 7　单元格区域

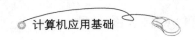

5. 状态栏

状态栏位于窗口的底部，用于显示当前窗口操作命令或工作状态的有关信息。对单元格内容进行编辑和修改时，状态栏将显示"编辑"状态；在单元格中输入数据时，状态栏会显示"输出"状态；当输入完毕后，状态栏将显示"就绪"状态。默认情况下，打开 Excel 工作表是普通视图，如果要切换到其他视图，单击状态栏上相应按钮即可，还可以单击"➕"和"➖"按钮改变工作表的显示比例，如图 4-8 所示。

图 4-8　状态栏

在使用 Excel 2010 过程中，若遇到不熟悉的操作，可以求助于 Excel 的联机帮助 功能，其使用方法与 Word 2010 中的帮助相同。

4.1.3　技能 3：Excel 2010 文件创建、保存

当启动 Excel 2010 时，将自动创建一个"Sheet 1"的工作簿窗口。工作簿是 Excel 2010 用来计算和存储数据的文件，每个工作簿在默认情况下由 3 个单张工作表组成，分别命名为 Sheet1、Sheet2 和 Sheet3，用户可以根据需要添加或删除工作表。

> **说明**
>
> Excel 2010 在每个工作簿中创建工作表的个数，与当前计算机的内存有关，突破了最多 256 张工作表的限制。

Excel 2010 的单张工作表是非常巨大的，在屏幕上仅显示出了单张工作表的极小部分。一张工作表总共有 16 384 列和 1 048 576 行。如图 4-3 所示，列标位于工作表的上方，用字母表示，"A，B，C，…，IV，…"；行号位于工作表的左侧，用数字表示，其顺序是"1，2，3，…，1 048 576"。行和列相交形成的框称为单元格，单元格是存储信息的最小单位。每个单元格的行号和列标用于定位单元格在工作表中的位置，例如：C13 表示第 3 行、第 13 列的单元格。

1. 建立新工作簿

（1）启动 Excel 2010 自动新建默认主文件名为"工作簿 1"，扩展名是".xlsx"的工作簿文件，用户可以对文件重命名。

（2）切换到"文件"选项卡，单击"新建"命令，在"可用模板"中选择"空白工作簿"选项，单击"创建"按钮，即可建立新工作簿如图 4-9 所示。

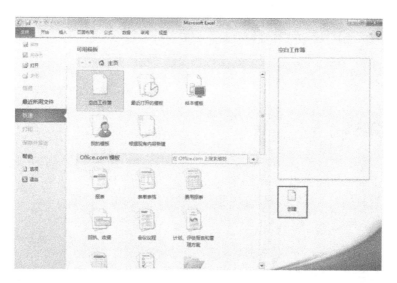

图 4 - 9　"新建"命令

（3）单击"快速访问工具栏"下拉按钮，在弹出的下拉菜单中选择"新建"命令，如图 4 - 10 所示。

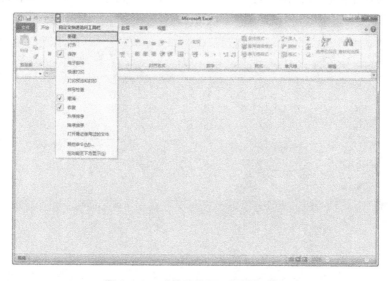

图 4 - 10　"快速访问工具栏"命令

（4）日常工作中经常会遇到一些格式相同的工作簿，如果每次都要对工作簿进行相同的设置，会降低工作效率；用户可以通过使用模板创建新的工作簿，新建的工作簿将与模板显示相同的样式，具体步骤如下。

① 切换到"文件"选项卡，单击"新建"命令，在"可用模板"中选择"样本模板"选项，显示样本模板的缩略图，如图 4 - 11 所示。

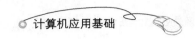

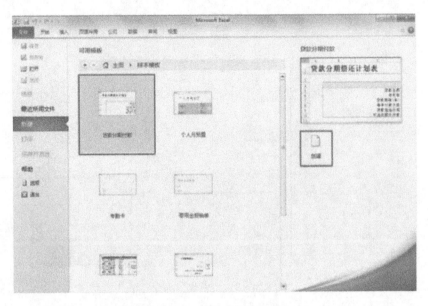

图4-11 样本模板缩略图

② 选择要使用的模板，例如选择"贷款分期付款"，单击右侧窗格中的"创建"按钮，根据模板新建一个工作簿，如图4-12所示。

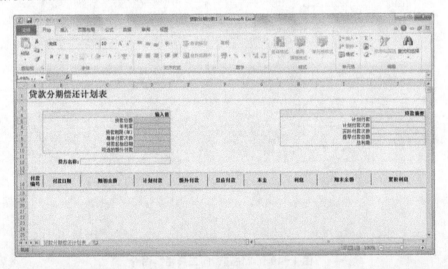

图4-12 使用模板创建工作簿

③ 如果电脑已连入 Internet，则可选择"Office.com 模板"中的模板样式，便可使用在线模板创建新工作簿。例如，选择"Office.com 模板"中"会议议程"模板类型，如图4-13所示。

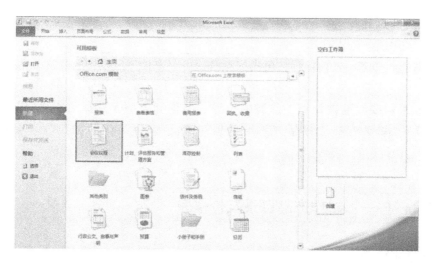

图 4 - 13　使用 Office. com 模板

④选择"会议议程"模板类型，例如"婚宴程序"，单击"下载"按钮，完成工作簿的建立，如图 4 - 14 所示。

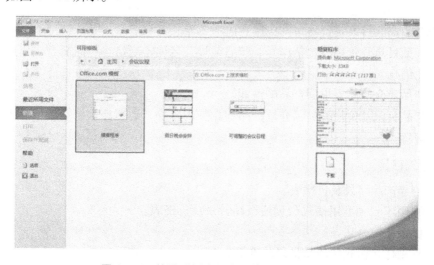

图 4 - 14　使用"婚宴程序"模板新建工作簿

2. 保存工作簿

保存新工作簿时，必须指定保存的位置及文件名。以后每次保存时，Excel 2010 将用最新的内容来更新工作簿文件。

1）保存新的工作簿

第一次保存新建的工作簿时，需要为其命名，步骤如下。

（1）切换到"文件"选项卡，单击"保存"命令。

（2）切换到"文件"选项卡，单击"另存为"命令。

（3）单击"快速访问工具栏"中的"保存"按钮或者组合键 Ctrl + S。

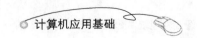

使用以上任意方法都会打开"另存为"对话框，在"另存为"对话框中，指定工作簿的位置、文件名和类型。

2）保存现有的工作簿

（1）新建工作簿一旦被保存，再次保存时，可以直接按照默认的位置、文件名和类型保存。

（2）如果需要改变被保存工作簿的位置、名称和类型，选择"文件"选项卡，单击"另存为"命令，在"另存为"对话框中指定保存工作簿的位置、名称和类型即可。

4.2 任务一：制作产品目录及价格表

【任务描述】

产品是企业的核心，制作产品目录及价格表，就是希望通过产品目录及价格表能清楚地了解到企业的信息，从而得到商机，为企业带来经济效益。

【任务分析】

制作企业产品目录及价格表，应注意以下3点。

（1）产品目录及价格表包括序号、产品编号、名称、规格、产品简介、出厂价、零售价以及备注信息。

（2）产品简介应简要说明产品的性能。

（3）产品目录及价格表除了介绍产品的相关内容外，还要加上公司名称、地址、电话及邮编等信息。

【工作流程】

（1）创建产品目录及价格表。

（2）利用"自动套用格式"创建产品目录及价格表。

（3）设置其他格式。

（4）利用样式格式化产品目录及价格表。

（5）使用条件格式。

（6）打印产品目录及价格表。

【基本操作】

在 Excel 2010 中，绝大部分工作是在工作表中进行的，在工作表中输入并编辑数据，使用工作表可对数据进行组织、分析、汇总和计算。

Excel 2010 工作表的基本操作包括：单元格定位、输入数据、删除或修改单元格内容、移动或复制单元格内容、自动填充单元格数据序列。

1．单元格定位

在工作表中进行数据的输入和编辑必须先选定单元格使其成为当前单元格，输入和编辑数据可以在当前单元格中进行，也可以在编辑栏进行。

1）鼠标定位

单元格定位最常用的方法是将鼠标移动到想定位的单元格上，并在其上单击鼠标左键，则此单元格成为活动单元格。

2）名称框定位

在 Excel 2010 编辑栏左侧名称框中输入要定位的单元格名称，例如：名称框中输入"C1"即选定当前单元格为 C1。

3）定位命令定位

单击"开始"选项卡"编辑"组中"查找和选择" 按钮下方的下拉箭头，单击下拉菜单中的"转到"命令，打开"定位"对话框，如图 4 – 15 所示，在"引用位置"文本框中输入要选定的单元格，例如：输入"E11"或者"e11"，单击"确定"按钮即可定位到 E11 单元格。

图 4 – 15　"定位"对话框

4）键盘定位

在输入或修改工作表中内容时，经常使用"Tab"键、"光标"键、"Enter"键等进行单元格定位。

2. 输入数据

1）输入文本

文本数据由汉字、字母、数字、特殊符号、空格等组成。在当前单元格输入文本后，按 Enter 键、移动光标到其他单元格或单击 按钮，即可完成该单元格的文本输入。文本数据默认的对齐方式是单元格内靠左对齐。

如果输入的内容包含数字、汉字、字符，或者它们的组合，例如：输入"1 000 元"，默认是文本数据。

如果文本数据出现在公式中，则必须用英文的双引号引起来。

如果输入身份证号、邮政编码、电话号码、职工号等无须计算的数字串，在数字串前面输入一个英文单引号"'"，Excel 2010 即按文本数据处理；否则，按数值数据处理。

如果文本长度超过单元格宽度，当右边单元格为空时，超出部分延伸到右侧单元格，当右侧单元格有内容时，超出部分隐藏。可以对单元格内容设置自动换行，切换到"开始"选项卡，单击"单元格"组里的"格式"下拉箭头，选择"设置单元格格式"命令，如图 4 – 16 所示；单击"对齐"标签，切换至"对齐"选项卡，在"自动换行"命令前的复选框上单击鼠标左键，如图 4 –17 所示。

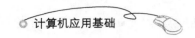

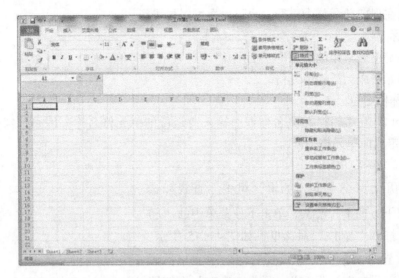

图 4 - 16 "开始"菜单"单元格"命令

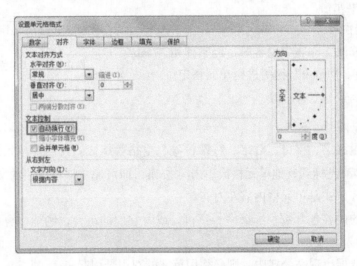

图 4 - 17 "设置单元格格式"对话框

2）输入数值

数值数据一般由数字、+、-、小数点、¥、$、%、/、E、e 等组成。数值数据的特点是可以进行算术运算。输入数值时，默认形式为常规表示法，例如：输入"38""11.26"等。当数值长度超过单元格宽度时，自动转换成科学表示法，例如：输入"458 321 897 461 013"，则显示"4.58322E+14"，数值数据默认对齐方式为单元格右对齐。

在单元格中输入分数，必须先输入零和空格，然后再输入分数，例如：输入"0 4/7"，则显示"4/7"。

3）输入时间和日期

在单元格中输入 Excel 2010 可识别的日期或时间数据时，单元格的格式自动转化为相应的日期或时间格式，单元格内默认的对齐方式为右对齐。

输入时间若用 12 小时制，则需要输入 am 或 pm，例如：输入"7：30：15 pm"；也可以输入 a 或 p，但在时间与字母间必须有一个空格。若未输入 am 或 pm，则按 24 小时制处理。

输入日期时，有多种格式，可用"/"或"－"连接，也可用年、月、日。例如：输入"2012－2－5""12/2/5""2012 年 2 月 5 日""5－Feb－12"等。

如果在同一单元格中输入日期和时间，则二者之间用空格分隔。

4）输入逻辑值

逻辑值数据有两个："TRUE"（真）和"FALSE"（假）。可以直接在单元格输入逻辑值"TRUE"或"FALSE"，也可以通过输入公式得到计算结果为逻辑值。例如：在某个单元格输入"＝3＞5"，显示结果为"FALSE"。

3．删除或修改单元格内容

1）删除单元格内容

选定要删除内容的单元格，或按住 Ctrl 键拖动鼠标选取要删除内容的单元格区域，或单击行或列的标题选取要删除内容的整行或整列，按住 Delete 键，可删除单元格内容。使用 Delete 键删除单元格内容时，只有数据从单元格中被删除，单元格的其他属性（例如：格式等）仍然保留。

说明

如果要删除单元格的内容和其他属性，单击"开始"选项卡下"编辑"组里"清除"按钮右侧的小箭头，如图 4－18 所示。在打开的子菜单中选择用户所需的命令：如果清除所选单元格的内容、格式和批注，则单击"全部删除"命令；如果清除所选单元格的格式，则单击"清除格式"命令；如果清除所选单元格的内容，保留单元格的格式和批注，则单击"清除内容"命令；如果清除所选单元格的批注，则单击"清除批注"命令。

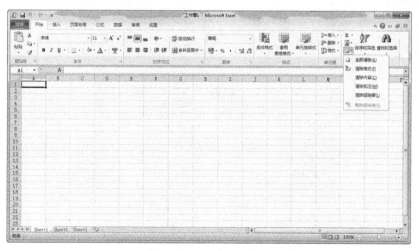

图 4－18　"清除"命令

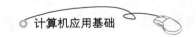

2）修改单元格内容

（1）双击单元格，输入数据后按 Enter 键即可完成对单元格内容的修改。

（2）双击单元格，或单击单元格再按 F2 键，然后在单元格中进行修改或编辑操作。

（3）单击单元格，再单击数据编辑区，在编辑区内修改或编辑内容。

4．移动或复制单元格

移动和复制单元格的方法基本相同，通常会移动或复制单元格的内容、格式等。

1）使用菜单命令移动或复制单元格内容

首先，选定需要被复制或移动的单元格区域。然后单击"开始"选项卡"剪贴板"组的"复制" 按钮或"剪切" 按钮；或者在选定区域上单击鼠标右键，选择"复制"或"剪切"命令；最后，单击目标位置后再单击"开始"选项卡中"粘贴"命令。反复执行此操作，可粘贴多次。

2）使用鼠标拖动移动或复制单元格内容

选定需要被移动的单元格区域，将鼠标指向选定区域的边框上，当鼠标形状变成十字箭头 时，按住鼠标左键开始拖动，拖动过程中会出现灰色虚框，到达想移动到的位置后，松开鼠标即可。如果在拖动鼠标的同时按住 Ctrl 键，到达目标位置后先松开鼠标左键后松开 Ctrl 键，即可完成复制单元格内容的操作。

3）复制单元格中特定内容

选定需要被复制的单元格区域，单击"开始"选项卡"剪贴板"组的"复制"按钮；选择"剪贴板"组的"粘贴" 按钮下方的小箭头，在弹出的菜单中选择"选择性粘贴"命令，打开对话框，如图 4－19 所示。

> **说明**
>
> 利用"选择性粘贴"对话框，可复制单元格中的特定内容，具体内容如图 4－19 所示；而"剪切板"组里"粘贴"按钮，则仅仅是复制选定单元格中的内容，且不能打开图 4－19 中的对话框。

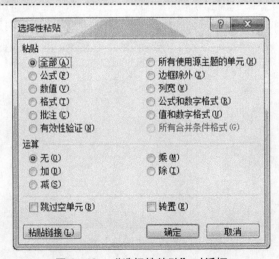

图 4－19　"选择性粘贴"对话框

5．设置列宽和行高

默认情况下，工作表的每个单元格都具有相同的行高和列宽，但是由于输入单元格的内容形式多样，用户可以根据需要自行设置列宽和行高。

1）设置列宽

（1）使用鼠标粗略设置列宽。

将鼠标指向要改变列的分割线上，当鼠标形状变成✚形状时，按住鼠标左键并拖动鼠标，直至将列宽调整到合适的宽度，放开鼠标即可。

（2）使用菜单命令精确设置列宽。

选定需要调整列宽的区域，单击"开始"选项卡"单元格"组里的"格式"按钮，在下拉菜单中选择"列宽"命令，打开"列宽"对话框，即可精确设置列宽。

2）设置行高

（1）使用鼠标粗略设置行高。

将鼠标指向要改变的分割线，当鼠标形状变成✚形状时，按住鼠标左键并拖动鼠标，直至将行高调整到合适的宽度，放开鼠标即可。

（2）使用菜单命令精确设置行高。

选定需要调整行高的区域，单击"开始"选项卡"单元格"组里的"格式"按钮，在下拉菜单中选择"行高"命令，如图 4 - 20 所示，打开"行高"对话框，即可精确设置行高。

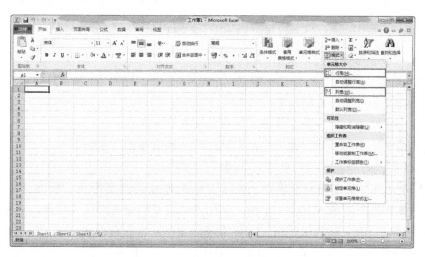

图 4 - 20　精确设置列宽或行高命令

6．自动填充单元格数据序列

要输入的一行或一列数据若是有规律的数据序列，可以使用 Excel 2010 提供的自动填充数据功能。该功能包括规则数据的填充、系统提供的序列和用户自定义序列的填充以及记忆键入。

1）规则数据的自动填充

（1）等差数列的自动填充。

如果要输入 2，4，6，…，100，首先，在连续两个单元格中分别输入上述数列的前 2 个数；然后，选中这两个单元格，鼠标指向第二个单元格的右下角，此时右下角会出现一个填充柄，当鼠标移动至填充柄时会出现"＋"形状，如图 4－21 所示；最后，拖动填充柄，可以实现快速自动填充。

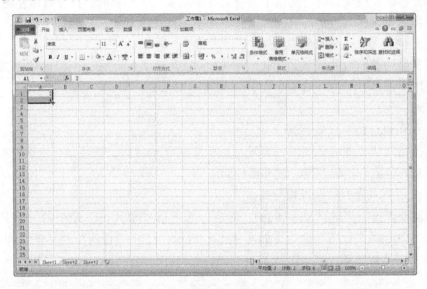

图 4－21　填充柄

（2）文字或字母后跟递增数值的自动填充。

如果要输入 S1，S2，…，S50；编号 1，编号 2，…，编号 20 等。只要输入第一个值，利用填充柄拖曳即可完成自动填充。

（3）完全相同的文字、数字或公式的自动填充。

先输入第一个文字、数字或公式，再利用填充柄拖曳即可复制。

2）系统提供的序列和用户自定义序列的自动填充

Excel 2010 可在工作表中自动填入系统提供的连续的文字序列，例如：星期、月份、季度等，这些序列只要输入其中 1 个值，利用自动填充柄拖曳即可完成自动填充。

用户还可以自定义新的填充序列，要实现该功能：首先应单击"文件"选项卡→"选项"，打开"Excel 选项"对话框，在对话框中单击右侧窗格"常规"区域下方的"编辑自定义列表"按钮，如图 4－22 所示；打开"自定义序列"对话框，如图 4－23 所示。若用户要在"输入序列"框中逐项输入新序列，有两种输入格式：第一种是以列的排列输入序列中的每一项；第二种则是在每项之间用英文逗号分隔；最后，直接单击"确定"按钮，可将新的序列添加到左侧"自定义序列"中，即完成用户自定义填充序列。定义新序列后，填充自定义序列的方法和填充自动数字的方法相同。

图 4 – 22　"Excel 选项"对话框

图 4 – 23　"自定义序列"对话框

3）记忆键入

当单元格中输入的内容和该列单元格中已有的内容相同时，可以先选定单元格，然后单击鼠标右键，在弹出的菜单中选定"选择列表"命令，此时该单元格下会弹出一个列表，里面是当前列中的单元格内容列表，直接用鼠标或键盘方向键选定需要的内容即可。

【详细步骤】

1．创建产品目录及价格表

（1）启动 Excel 2010，新建一个空白工作簿，将该文件的主文件名命名为"产品目录

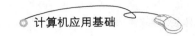

及价格表"并保存。在默认工作表中（即 Sheet1 中）单击单元格 A1，输入数据内容"产品目录及价格表"，完成单元格 A1 中的内容输入，如图 4-24 所示。

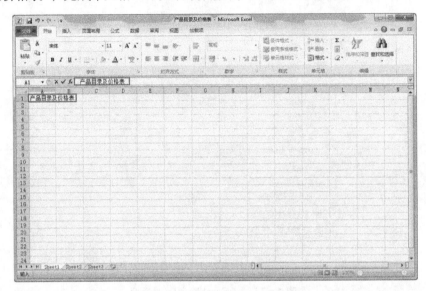

图 4-24　在 A1 中输入内容

（2）按照（1）中的操作方法，分别在对应的单元格中输入"公司名称、公司地址、电话、邮编、序号、产品编号、产品名称、规格、单位、产品简介、出厂价、零售价、备注"等数据内容，字体及字号均为默认格式并保存，完成后工作表如图 4-25 所示。

图 4-25　输入其余内容

（3）将"出厂价"和"零售价"两列的数据保留 2 位小数，并在价格数据前面添加人民币符号。具体方法：首先，选中 G5：H10 单元格；其次，单击"开始"选项卡里"单元格"组中"格式"按钮右侧的下拉箭头，在弹出的菜单中选择"设置单元格格式"命令或在被选定单元格上单击鼠标右键，选择菜单中的"设置单元格格式"。在"设置单元格格式"对话框中单击"分类"列表框中的"数值"选项，将"小数位数"设置为"2"，如图 4 - 26 所示；然后，单击"分类"列表框中的"货币"选项，将"货币符号（国家/地区）（S）"设置为"￥"，如图 4 - 27 所示；最后，单击"确定"按钮，当前工作表如图 4 - 28 所示。

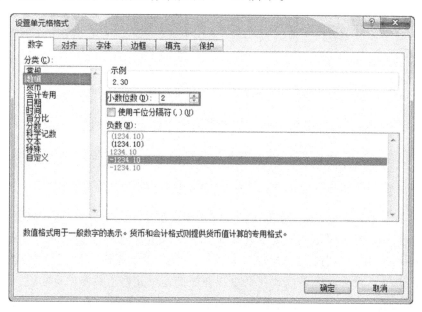

图 4 - 26　设置数值小数位

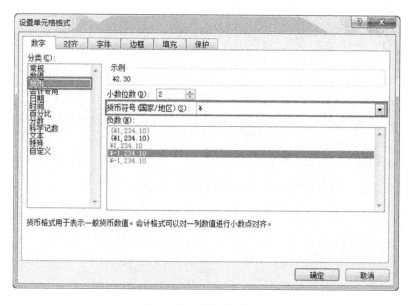

图 4 - 27　设置货币符号

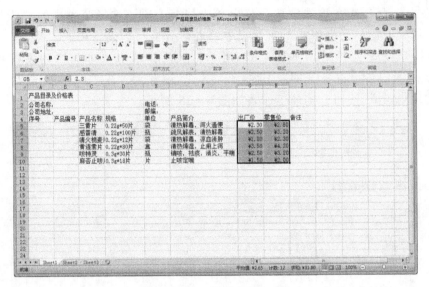

图 4 - 28　完成格式设置后

（4）单击选中单元格 A5，输入数字"1"；单击选中单元格 A6，输入数字"2"；选中 A5 和 A6 单元格，利用填充柄拖曳至 A10 单元格，填充单元格，如图 4 - 29 所示。同时，选定单元格 A5：A10，切换到"开始"选项卡，单击"单元格"组里"格式"按钮旁的下拉箭头，选择"设置单元格格式"命令或在被选定单元格上单击鼠标右键，选择菜单中的"设置单元格格式"，在"设置单元格格式"对话框中单击"分类"列表框中的"自定义"选项，然后在其右侧的"类型（T）："文本框中输入"0 000"，如图 4 - 30 所示，单击"确定"按钮关闭"设置单元格格式"对话框，置后的效果如图 4 - 31 所示。

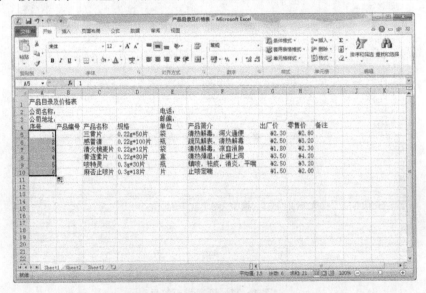

图 4 - 29　利用填充柄完成序号内容输入

图 4 - 30　设置自定义样式

图 4 - 31　设置后效果

（5）设置标题位置，使标题看起来更醒目。单击选定单元格 A1，在按住 Shift 键的同时单击单元格 I1，即同时选定 A1：I1，切换到"开始"选项卡，单击"对齐方式"组里的"合并及居中" 按钮，如图 4 - 32 所示，保存文件。

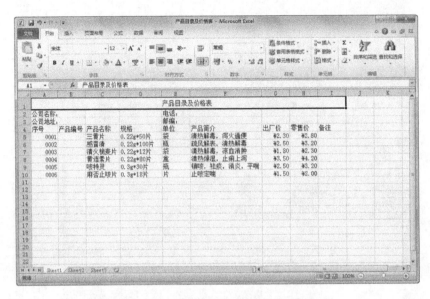

图 4-32　将标题设置合并且居中格式

（6）由于"产品编号"列中的数据是特定信息，可以对此列进行数据有效性的设置，具体步骤如下。

① 鼠标单击选定 B5 单元格，切换到"数据"选项卡，单击"数据工具"组里"数据有效性"按钮，打开"数据有效性"对话框。在该对话框中，选则"设置"标签中的"有效性条件"选项区内的"允许（A）："下拉列表中的"序列"，并在选项卡中选中"忽略空值（B）"和"提供下拉箭头（I）"两项，如果数值的有效性是基于已命名的单元格区域并在该区域中有空白单元格，则设置"忽略空值"复选框将使单元格中输入的值都有效，如图 4-33 所示。

② 在"数据有效性"对话框中的"来源（S）："文本框中输入所需的编号，编号之间用英文逗号隔开，"Z44022401，Z44023502，Z45020513，Z51020616，Z44021609，Z44020121"，如图 4-34 所示。

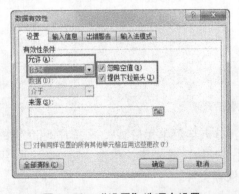

图 4-33　"设置"选项卡设置

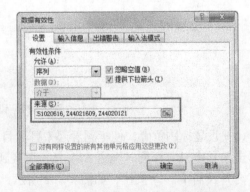

图 4-34　"来源"文本框输入数据

③ 在"数据有效性"对话框中，鼠标单击"输入信息"标签，在其中设置的内容为以后选定单元格时出现的系统提示信息，在"输入信息"标签中单击"选定单元格时显

示输入信息"复选框，在其下方的"标题（T）："文本框中输入"产品编号"，在"输入信息（I）："文本框中输入文字"请选择该产品的编号！"，如图 4-35 所示。

④ 鼠标单击"出错警告"标签，切换至"出错警告"选项卡，在其中设置输入错误信息时系统做出的"出现错误信息"的警告。此例中的错误信息是指用户输入除了"Z44022401，Z44023502，Z45020513，Z51020616，Z44021609，Z44020121"之外的产品编号信息。在该选项卡中勾选"输入无效数据时显示出错警告（S）"选项，在下方"样式（Y）"下拉框中选择"停止"选项，即单元格中出现错误信息时将会强制停止用户操作，迫使用户重新输入。在"标题（T）"文本框中输入"输入产品编号出错"，在"错误信息（E）"文本框中输入"请单击下拉按钮选择产品编号！"，如图 4-36 所示。

图 4-35　"输入信息"选项卡设置

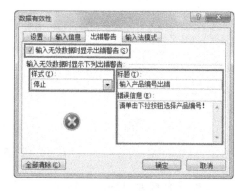

图 4-36　"出错警告"选项卡设置

⑤ 设置"出错警告"选项卡中的内容后，单击"确定"按钮，确认对单元格数据有效性所做的所有设置，关闭"数据有效性"对话框，返回工作表中，此时选定单元格 B5 时，右侧会出现下拉列表按钮，同时单元格附近会出现输入提示信息"产品编号请选择该产品的编号！"，如图 4-37 所示。

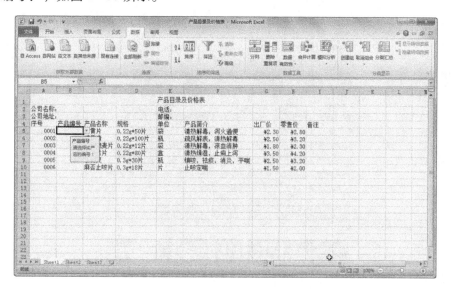

图 4-37　"数据有效性"设置完成

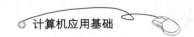

⑥鼠标选中 B5 单元格，利用填充柄即可对 B6：B10 单元格依次做上述相同的数据有效性设置，非常方便。使用数据有效性设置，对"产品编号"对应的 B5：B10 单元格进行填充，即将所有产品编号在下拉列表按钮中选择填写，最后效果如图 4-38 所示。

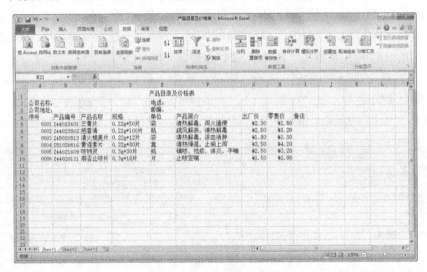

图 4-38　输入数据后效果

2. 利用"自动套用格式"创建产品目录及价格表

选中 A4：I10 单元格区域，切换到"开始"选项卡，单击"样式"组里的"套用表格格式"按钮，在随后出现的表格样式下拉列表中，用户可根据表格的实际需要，选择一种样式，单击即可。本例中，选择的样式是中等深浅样式中的"表样式中等深浅 12"，如图 4-39 所示，设置样式后的效果，如图 4-40 所示。

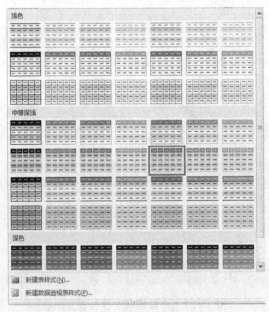

图 4-39　"套用表格格式"下拉列表

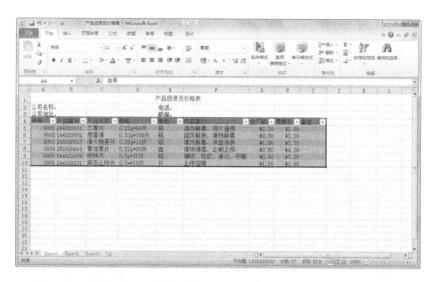

图 4-40　应用"表样式中等深浅 12"格式效果

3. 设置其他格式

虽然通过自动套用格式可以高效地完成单元格区域的格式设置，但是很多单元格的格式仍显混乱，单元格之间的界限不明显，这时就需要用户逐一进行单元格格式设置。

（1）按下 Ctrl 键的同时依次单击选中的单元格 A2，A3，E2，E3，A4，B4，C4，D4，E4，F4，G4，H4，I4，后单击"开始"选项卡中"单元格"组里的"格式"按钮，在下拉菜单中选择"设置单元格格式"，切换到"字体"标签，打开"字体"选项卡，如图 4-41 所示，在该选项卡中设置字体、字号；或者直接单击"开始"选项卡"字体"组里"字体""字号"按钮，也可进行相应设置。

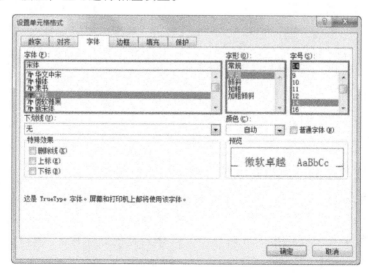

图 4-41　设置字体、字号

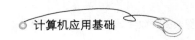

（2）选中单元格 A4：I4，对"序号""产品编号""单位"等各列的数据进行对齐设置，具体设置如图4-42所示。

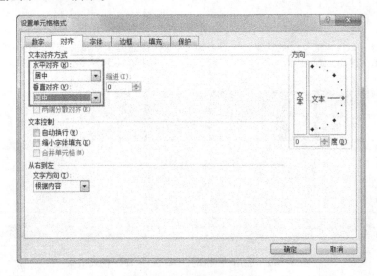

图4-42　设置对齐格式

（3）选中单元格 A4：I4，打开"设置单元格格式"对话框，切换到"边框"标签，进行内外边框设置，给选中的单元格添加边框，如图4-43所示。

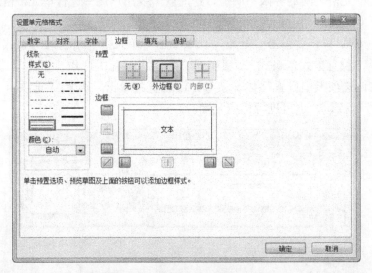

图4-43　设置单元格内外边框

（4）选中单元格 A4：I4，调整行高和列宽，单击"开始"选项卡"单元格"组里"格式"按钮，在下拉菜单中选择"列宽"命令，在"列宽"对话框中的"列宽"文本框中输入具体数字（单元格中内容需完整，具体列宽的数字用户可自行设置）；或单击"自动调整列宽"，设置完毕后，返回工作表，效果如图4-44所示。

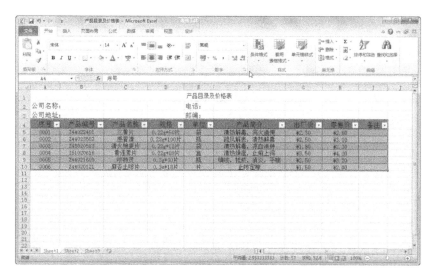

图 4-44　设置完毕后效果

4. 利用样式格式化产品目录及价格表

Excel 2010 提供的"套用表格格式"使用时只能套用其中预定的某些格式，并不能完全满足用户所有的应用要求，因此 Excel 2010 提供了另一种方法——标准格式化函数，也被称为样式。样式就是格式的集合，是用户自定义单元格的显示模式，这些模式可以用自定义的名称来保存，需要时再调用即可。

在图 4-44 中，可以看到产品目录及价格表的标题没有样式，现在就对标题进行样式的设置，具体步骤如下：在"产品目录及价格表"工作簿中的工作表中，选中单元格 A1：I1，单击"开始"选项卡"样式"组里"单元格样式"按钮，在下拉列表中选择"标题"样式，如图 4-45 所示。应用标题样式后的效果如图 4-46 所示。

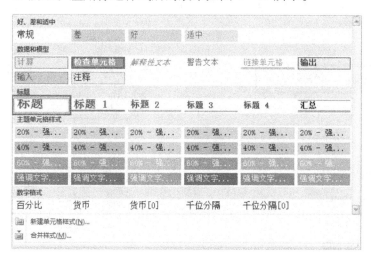

图 4-45　设置"单元格样式"下拉列表

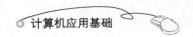计算机应用基础

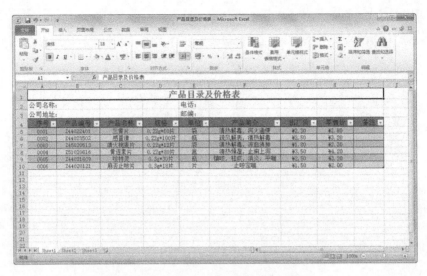

图4-46 使用"单元格样式"后的效果

5. 使用条件格式

Excel 2010 提供的"条件格式"功能可以根据单元格内容有选择地自动应用格式，在为表格增色不少的同时，还能为用户带来方便。将"产品目录及价格表"工作簿中的Sheet1表中的"出产价"列中价格等于¥2.50的数据，文字设为深红色，单元格底纹设为浅红色；将"零售价"等于¥3.20的数据，文字设为标准色中的紫色，具体操作步骤如下。

（1）选中G5：G10，单击"开始"选项卡"样式"组里"条件格式" 按钮，在下拉菜单中选择"突出显示单元格规则"命令，如图4-47所示。在右侧菜单中选择"等于"命令，如图4-48所示，打开"等于"对话框，鼠标单击G5：G10中单元格内容是"¥2.50"的任意一个单元格，设置格式，如图4-49所示。

图4-47"条件格式"下拉菜单　　　　4-48"突出显示单元格规则（H）"右侧菜单

146

图 4 - 49　设置"等于"对话框

（2）选中 H5：H10，单击"开始"选项卡"样式"组里"条件格式"按钮，在下拉菜单中选择"突出显示单元格规则"命令，在右侧菜单中选择"等于"命令，打开"等于"对话框，鼠标单击 H5：H10 中单元格内容是"￥3.20"的任意一个单元格；然后在"设置为"下拉列表框中选择"自定义格式"，如图 4 - 50 所示；便可打开"设置单元格格式"对话框，切换到"字体"选项卡，在"颜色"下拉列表中选择"标准色"中的"紫色"，单击"确定"按钮，效果如图 4 - 51 所示。

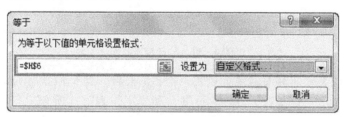

图 4 - 50　设置字体颜色

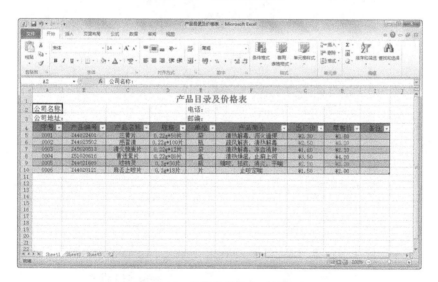

图 4 - 51　设置条件格式后的效果

6. 打印产品目录及价格表

制作出来的产品目录及价格表最终需要打印出来，Excel 2010 提供了页面设置和打印预览视图，在打印前应对工作表进行美化，具体操作如下。

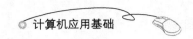

（1）切换到"文件"选项卡，然后单击"打印"命令，此时在右侧窗格中显示页面内容的预览视图，在打印预览视图中看到的工作表的格式及排版，就是打印出来的真实效果，如图 4 - 52 所示。

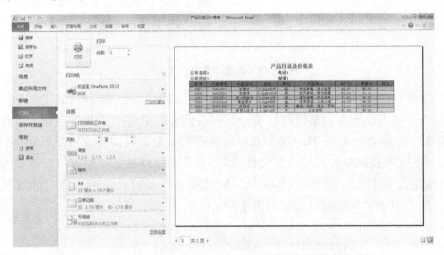

图 4 - 52　打印预览视图

（2）单击中间窗格底部的"页面设置"链接，打开"页面设置"对话框，如图 4 - 53 所示，包括"页面""页边距""页眉/页脚"和"工作表"选项卡。

图 4 - 53　"页面设置"对话框

（3）如果要打印选定部分的工作表、活动的工作表或整个工作簿，就需要选择打印的范围，这样就可以局部打印了。切换到"文件"选项卡，然后单击"打印"命令，在中间窗格"设置"下方单击"打印活动工作表"选项打开下拉列表，然后选择"打印选定区域"选项，如图 4 – 54 所示。

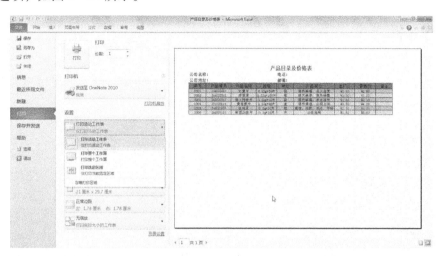

图 4 – 54　打印选定区域

（4）页面设置和打印预览完成后，单击"打印" 按钮，可根据用户需要进行相应设置，就可以直接打印当前工作表了。

本节任务主要介绍：新工作表的创建、编辑工作表、应用自动套用格式、样式、条件格式和打印工作表的内容。本节的重点是格式化工作表，通过用户设置单元格格式时，将自动设置和手动设置结合起来，这样能充分发挥两者的优势，大家在学习时应该抓住关键，多类比上一节中所学到的基本操作，循序渐进。

4.3　任务二：制作工资管理表

【任务描述】

工资管理涉及员工的出勤记录、福利数据以及基本工资记录等内容，因此，员工工资管理是按照一定的计算公式，对这些记录与统计的汇总。在手工条件下，绘制工资发放明细和汇总是比较复杂的过程，企业员工越多，工作量也越大，在 Excel 2010 中可以使之变得简单，提高工作效率，使工资管理更加规范。

【任务分析】

工资管理表的数据内容包括员工基本工资记录表的数据、员工出勤统计表的数据以及员工福利表的数据，需要在新建的工作簿文件中包含以上三张工作表中的数据。

员工基本工资记录表用来记录员工从加入本公司以来的薪资结构和调薪记录的表格，其中包含：员工编号、员工姓名、所属部门、最后一次调薪时间、调整后的基本工资、调整后的岗位工资、调整后总基本工资等。

员工出勤表是用来统计企业员工出勤情况的，其中包含：员工编号、员工姓名、所属

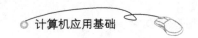

部门、事假及病假等。

员工福利表是用来记录员工福利数据的，其中包含：员工编号、员工姓名、所属部门、住房补贴及劳保金额等。

工资表管理表是用来汇总以上所有表格中的数据，计算出每位员工所应获得的工资总额和应付工资等信息，其中包括：员工编号、员工姓名、所属部门、基本工资、住房补贴、应扣请假费、应扣所得税、应扣劳保金额和实际应付工资，其中涉及按照实际中的计算公式，使用 Excel 2010 中提供的函数及公式来计算结果。

【工作流程】

（1）创建工资管理表。

（2）在工资管理表中创建公式。

（3）在公式中用函数计算。

【基本操作】

Excel 2010 作为一个功能强大的电子表格处理软件，除了具备常规的表格处理命令外，更重要的是具备强大的数据计算能力。公式是单元格中一系列值、单元格的引用、名称或运算符的组合，可生成新的值；函数是一种预定义的公式，通过使用称为参数的特定数值来按特定的顺序或结构执行运算。通过公式及函数的配合使用，就可以完成工资管理表中的各项计算。

1. 公式

在单元格中输入公式一定要先输入" = "，公式的一般形式为：= <表达式>，表达式可以是算术表达式、关系表达式和字符串表达式；表达式由运算符、常量、单元格地址、函数及括号等组成，但不能有空格。

在 Excel 2010 中，常用运算符有算术运算符、字符运算符和关系运算符。运算符具有优先级，表 4 - 1 按运算符优先级从高到低列出各运算符及其功能。

表 4 - 1 常用运算符

运算符	功能	举例
－	负号	－ 6. 3
％	百分数	15%
^	乘方	9^2（即 9^2）
＊ ／	乘法 除法	4＊8 16/2
＋ －	加法 减法	12. 5 ＋7. 8 4. 3 －1. 5
＆	字符串连接	"London" &" 2012"（即 London2012）
＝ ＜＞	等于 不等于	4 ＝7 的值为假 12 ＜ ＞78 的值为真
＞ ＞＝	大于 大于等于	74 ＞15 的值为真 14. 1 ＞ ＝12. 4 的值为真
＜ ＜＝	小于 小于等于	12. 5 ＜3. 4 的值为假 7. 9 ＜ ＝5. 8 的值为假

公式的输入可以在数据编辑区进行，也可以双击单元格后在单元格中进行。在数据编辑区输入公式时，单元格地址可以通过键盘输入，也可直接单击该单元格，单元格地址即自动显示在数据编辑区。输入后的公式可以进行编辑、修改或复制到其他单元格。

复制公式的方法有以下 2 种。

方法 1：选定已输入公式的单元格，单击鼠标右键，选择"复制"命令；鼠标移至复制目标单元格，单击鼠标右键，选择"粘贴"命令或"选择性粘贴"命令，打开"选择性粘贴"对话框，选中"公式"单选框，即可完成公式的复制。

方法 2：选定已输入公式的单元格，拖动单元格的填充柄，可完成相邻单元格公式的复制。

2．单元格地址的引用

在公式复制时，单元格地址的正确使用十分重要。Excel 2010 中单元格的地址分为：相对地址、绝对地址和混合地址。

1）相对地址

在输入公式的过程中，除非特殊说明，一般使用相对地址来引用单元格，表示在单元格中当含有相对地址的公式被复制到目标单元格时，公式不是照搬原来单元格的内容，而是根据公式原来位置和复制到的目标位置推算出公式中单元格相对原位置的变化，使用变化后的单元格地址的内容进行计算。例如：在 B3 单元格中输入 "＝A1＋A2＋C6"，复制到 C3 单元格，C3 单元格显示的公式就是相对地址表达式 "＝B1＋B2＋D6"。

2）绝对地址

当公式复制或移动到新的单元格时，公式中所引用的单元格地址保持不变，引用时，通常在绝对地址的列号或行号前添加 "＄"。例如：在 B2 单元格中输入 "＝＄A＄1＊＄A＄3"，复制到 B3 单元格公式仍然为 "＝＄A＄1＊＄A＄3"，公式中单元格引用地址保持不变。

3）混合地址

在单元格中含有混合地址的公式被复制到目标单元格时，相对地址部分会根据公式原来位置和复制到的目标位置推算出公式中单元格地址相对原位置的变化，而绝对地址部分则永远不变。例如：在 D1 单元格中输入 "＝（＄A1＊B＄1＋C1）／3"，复制到 E3 单元格，公式为 "＝（＄A3＊C＄1＋D3）／3"。

4）跨工作表的单元格地址引用

单元格地址的一般形式为：［工作簿文件名］工作表名！单元格地址；在引用当前工作簿的各工作表时，当前 "［工作簿文件名］" 可省；引用当前工作表单元格的地址时，"工作表命！" 也可省。例如：单元格 F4 中公式为 "＝（C4＋D4＋E4）＊Sheet2！B1"，其中 "Sheet2！B1" 表示当前工作簿 Sheet2 工作表的 B1 单元格地址，而 C4 表示当前工作表 C4 单元格地址。

3．函数

Excel 2010 提供了 11 类函数，包括数学与三角函数、日期与时间函数、财务函数、统计函数、查找与引用函数、数据库函数、文本和数据函数、工程函数、外部函数、逻辑函数和信息函数，使用函数能方便地进行各种运算。

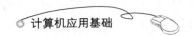

1）函数形式

函数一般由函数名和参数组成，形式为：函数名（参数表）。函数名由 Excel 2010 提供，函数名中字母不区分大小写，参数表由英文"，"分隔，参数可以使常数、单元格名称、函数等。

2）函数引用

如果在某个单元格输入公式"＝AVERAGE（A2：A11）"，可以采用如下 2 种方法。

方法 1：直接在该单元格中输入公式："＝AVERAGE（A2：A11）"。

方法 2：首先，选定该单元格，单击"编辑栏"左侧的"插入函数"按钮 *fx*，打开"插入函数"对话框，在"选择函数"列表框中选择"AVERAGE"函数，如图 4－55 所示。单击"确定"按钮，打开"函数参数"对话框，如图 4－56 所示。然后，在"函数参数"对话框第一个参数"Number1"框内用鼠标选定 A2：A11，单击"确定"按钮；也可以单击"切换"按钮 ，在当前工作表中用鼠标选定 A2：A11 区域，再次单击该按钮，最后单击"确定"按钮，完成函数引用。

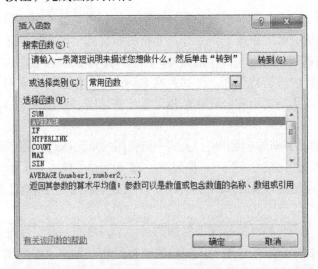

图 4－55　"插入函数"对话框

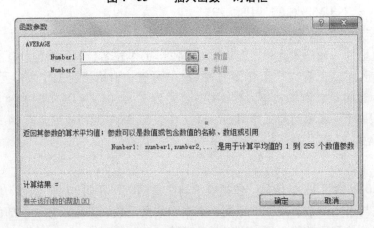

图 4－56　"函数参数"对话框

3）函数嵌套

函数嵌套式是指一个函数可以作为另一个函数的参数使用，例如：公式 ROUND（AVERAGE（B2：C2），1），其中 ROUND 为一级函数，AVERAGE 为二级函数；先执行 AVERAGE 函数，再执行 ROUND 函数。Excel 2010 函数嵌套最多可嵌套七级。

4）常用函数

（1）基本函数。

SUM（参数 1，参数 2，…），求和函数，求各参数累加和。

AVERAGE（参数 1，参数 2，…），算术平均值函数，求各参数的算术平均值。

MAX（参数 1，参数 2，…），最大值函数，求各参数中的最大值。

MIN（参数 1，参数 2，…），最小值函数，求各参数中的最小值。

（2）统计函数。

COUNT（参数 1，参数 2，…），求各参数中数值型数据的个数。

COUNTA（参数 1，参数 2，…），求单元格内容是非空单元格的个数。

COUNTBLANK（参数 1，参数 2，…），求单元格内容是空单元格的个数。

COUNTIF（参数 1，参数 2，…），求满足条件单元格的个数。

（3）条件函数 IF（逻辑表达式，表达式 1，表达式 2），"逻辑表达式"值为真，函数值为"表达式 1"的值；否则为"表达式 2"的值。

（4）四舍五入函数 ROUND（数值型参数，n），返回时对"数值型参数"进行四舍五入到第 n 位的近似值。当 $n>0$ 时，对数据的小数部分从左到右的第 n 位的近似值；当 $n=0$ 时，对数据的小数部分最高位四舍五入取数据的整数部分；当 $n<0$ 时，对数据的整数部分从右到左的第 n 位四舍五入。

（5）排定名次函数 RANK（number, ref, order），用于返回一个数值在一组数值中的排序，排序时不改变数值原来的位置。number 为需要排序的数字，ref 为数字列表数组或数字列表的引用，order 为排序的方式，若 order 为 0 或省略，则为降序排序，若 order 不为 0，则为升序排序。

5）关于错误信息

在单元格输入或编辑公式时，难免会出现一些错误，表 4－2 是常见的错误信息和原因。

表 4－2　公式和函数错误信息

出错信息	出错原因	举例
#DIV/0！	被除数为 0	＝6/0
#N/A	引用无法使用的数值	HLOOKUP 函数的第 1 个参数对应的单元格为空
#NAME？	不能识别的名字	＝SUN（C1：C5）
#NULL！	交集为空	＝SUM（A1：A3 B1：B3）
#NUM！	数据类型不正确	＝SQRT（－4）
#REF！	引用无效单元格	引用的单元格被删除
#VALUE！	不正确的参数或运算符	＝1＋"a"
####！	宽度不够，列宽需调宽	

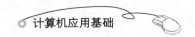
4. 工作表操作

在 Excel 2010 中, 新建工作簿后会自动添加 3 个空白工作表, 并依次命名为 Sheet1, Sheet2, Sheet3, 对工作表的常用操作如下。

1) 选定工作表

操作前需选定工作表, 可以选定一个或多个工作表, 选定的方法与选定单元格的方法类似; 如果同时选定了多个工作表, 其中只有一个工作表是当前工作表, 对当前工作表的编辑操作会作用到其他被选定的工作表。例如: 对当前工作表的某个单元格输入数据或进行格式设置操作, 相当于对所有选定工作表同样位置的单元格做同样操作。

2) 插入新工作表

允许在当前工作簿中, 插入一个或多个工作表。选定一个或多个工作表标签, 单击"开始"选项卡"单元格"组中"插入" 按钮下方的下拉箭头, 在下拉菜单中选择"插入工作表"命令, 即可插入与所选定数量相同的新工作表。Excel 2010 中默认在选定的工作表左侧插入新工作表。

在选定工作表标签上单击鼠标右键, 弹出的右键菜单如图 4-57 所示。在右键菜单中选择"插入"命令, 打开"插入"对话框, 如图 4-58 所示。对话框中可以设置插入需要的工作表样式。

单击单元格区域最底端, 即 Sheet 3 右边的 按钮, 可以快速插入新的工作表。

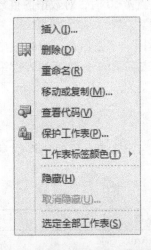

图 4-57 选定工作表标签右键菜单　　　　　　图 4-58 "插入"对话框

3) 删除工作表

选定一个或多个要删除的工作表, 切换到"开始"选项卡"单元格"组中"删除"按钮下方的下拉箭头, 在下拉菜单中选择"删除工作表"命令, 即可删除与所选定数量相同的新工作表。或者, 选定要删除的工作表并在其上单击鼠标右键, 菜单如图 4-57 所示, 在菜单中选择"删除"命令, 也可删除选定的工作表。

4）重命名工作表

双击要重命名的工作表标签，或鼠标右键单击选定工作表标签，打开如图 4 - 57 所示的菜单，选择"重命名"命令后输入新名字即可。

5）移动或复制工作表

（1）利用鼠标移动或复制工作表。

在工作簿内移动工作表的操作是：选定要移动的一个或多个工作表标签，鼠标指向要移动的工作表标签，按住鼠标左键沿标签向左或向右拖动工作表标签，同时出现黑色小箭头，当黑色小箭头指向要移动到的目标位置时，放开鼠标，完成工作表的移动。

在工作簿内复制工作表的操作，只是在移动工作表标签的同时按 Ctrl 键，当鼠标移动到复制位置时，先放开鼠标，后放开 Ctrl 键。

（2）利用对话框移动或复制工作表。

选中要移动或复制的工作表，单击鼠标右键，弹出如图 4 - 57 所示的菜单，选择"移动或复制工作表"命令，打开如图 4 - 59 所示的对话框，在该对话框中可以选择将工作表移动或复制到工作表中的位置，也可以单击"工作簿"下拉列表框，将选定的工作簿移动或复制到其他工作簿中。

图 4 - 59 "移动或复制工作表"对话框

【详细步骤】

1. 创建工资管理表

启动 Excel 2010，新建一个空白工作簿文件，保存并将该文件主文件名命名为"工资管理表"。

打开"员工基本工资记录表 . xlsx"文件，将其数据信息复制到"工资管理表"工作簿中的 Sheet1 工作表中，并将 Sheet1 工作表重命名为"员工基本工资记录表"；打开"员工出勤统计表 . xlsx"文件，将其数据信息复制到"工资管理表"工作簿中的 Sheet2 工作表中，并将 Sheet2 工作表重命名为"员工出勤统计表"；打开"员工福利表 . xlsx"工作簿，将其数据信息复制到"工资管理表"工作簿中的 Sheet3 工作表中，并将 Sheet3 工作表重命名为

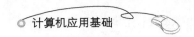

"员工福利表"。

在"工资管理表"工作簿中,插入新工作表,并将其重命名为"员工工资管理表",根据"员工基本工资记录表""员工出勤统计表""员工福利表"完善该表中的"员工编号""员工姓名""所属部门""住房补贴"及"应扣劳保金额"项中的信息,如图4-60所示。

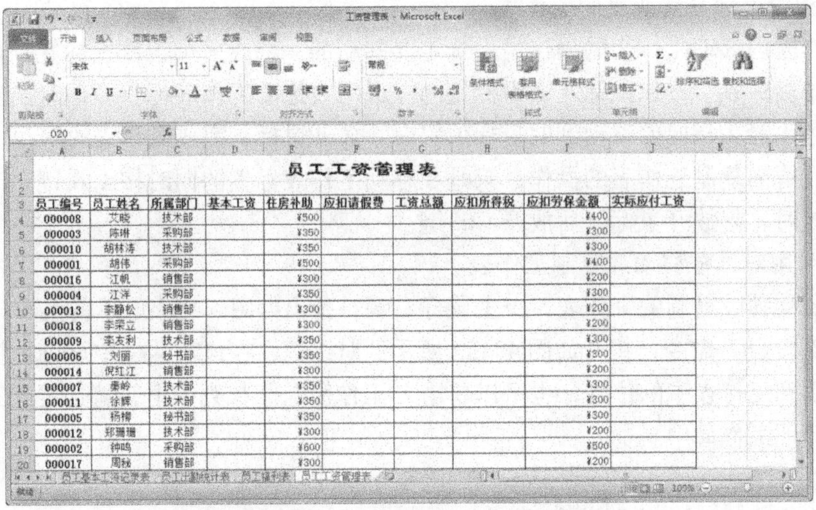

图4-60 "工资管理表"工作簿

2. 在工资管理表中创建公式

(1)单击"工资管理表"工作簿中的"员工基本工资记录表"工作表,运用公式计算出调整后的基本工资,具体步骤为:在"调整后的基本工资"列中,选中H3单元格,直接输入公式"=E3+F3+G3"或切换到"开始"选项卡,单击"编辑"组里的"求和"按钮,选中E3:G3单元格,按下Enter键,计算出结果,如图4-61所示;使用填充柄完成H4:H20单元格的计算,如图4-62所示。

图4-61 输入公式

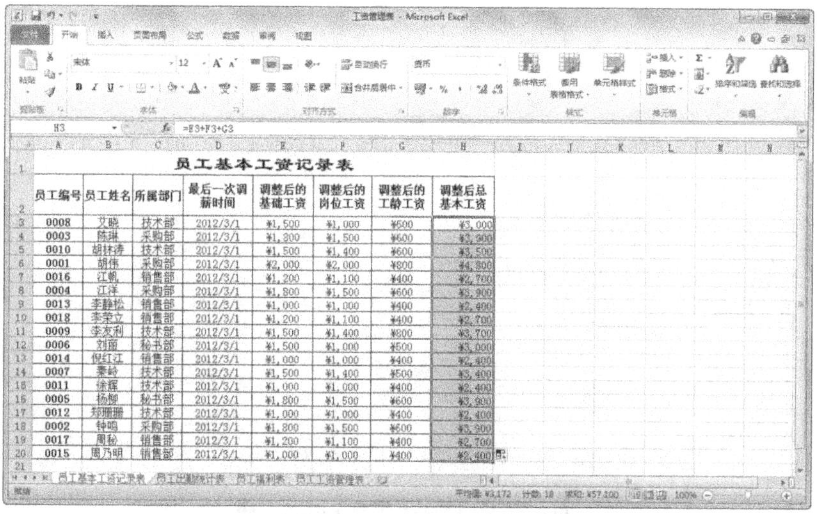

图 4-62　填充柄计算基本工资

（2）单击"员工工资管理表"工作表，切换至"员工工资管理表"，基本工资列中的数据就是"员工基本工资记录表"中的"调整后总基本工资"，因此只需引用对应的数据即可，该引用称为"不同工作表间的引用"。

实现跨工作表间信息的引用，具体步骤：选中"员工工资管理表"工作表 D4 单元格，输入"="后用鼠标单击"员工基本工资记录表"工作表中的 H3 单元格，完成对 H3 单元格中的数据的引用，按 Enter 键确定后，在 D4 中显示相应的数据，如图 4-63 所示；使用填充柄，填充单元格 D5：D21，计算相应员工的基本工资，如图 4-64 所示。

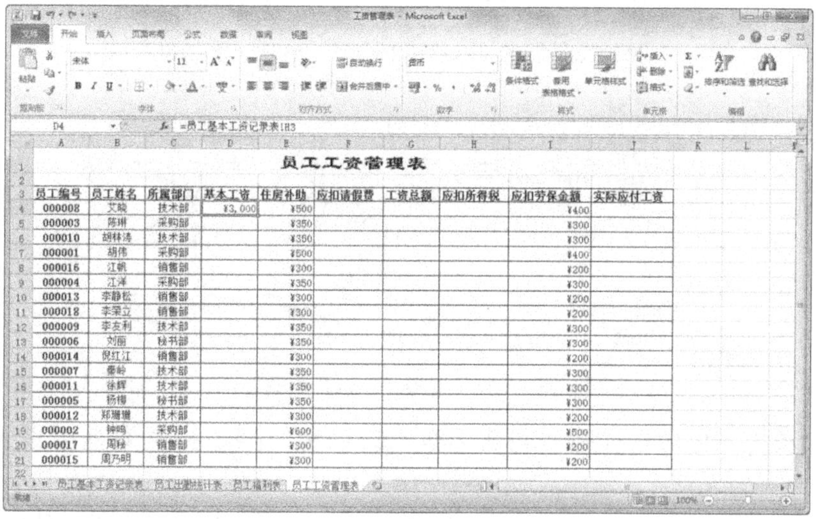

图 4-63　引用数据

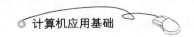

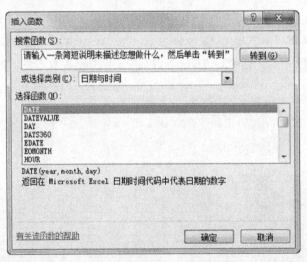

图 4-64　计算相应员工基本工资

（3）在"员工工资管理表"工作表中，选中 J2 单元格，单击"编辑栏"左侧的"插入函数"按钮 f_x；或者单击到"公式"选项卡"函数库"组中"插入函数" 按钮，都会打开"插入函数"对话框，在"或选择类别"下拉列表中选择"日期与时间"，然后在其下方的"选择函数"列表框中选择 DATE，如图4-65所示。

图 4-65　选择"DATE 函数"

单击"确定"按钮，打开"函数参数"对话框，在 Year 文本框中输入"2018"，Month 文本框中输入"5"，在 Day 文本框中输入"13"（或当前具体的年月日信息），如图 4-66 所示。单击"确定"按钮，返回工作表中，J2 单元格中显示所设置的日期，如图 4-67 所示。

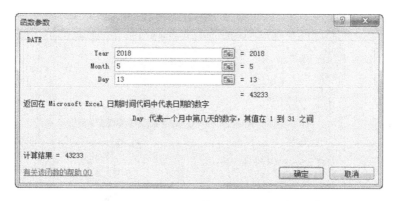

图 4 - 66　设置 "DATE 函数" 的参数

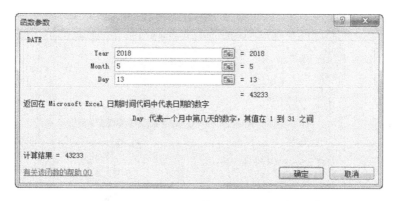

图 4 - 67　显示设置日期

（4）单击 "员工基本工资记录表" 工作表，切换至 "员工基本工资记录表"，在 K2 单元格中输入 "员工人数" 统计表中员工总人数，填入 K3 单元格中，具体步骤为：选中 K3 单元格，单击 "编辑栏" 左侧的 "插入函数" 按钮 *fx*；或者，单击到 "公式" 选项卡 "函数库" 组中的 "插入函数" 按钮，都会打开 "插入函数" 对话框，在 "或选择类别" 下拉列表中选择 "统计"，然后在其下方的 "选择函数" 列表框中选择 COUNT，如图 4 - 68 所示。

单击 "确定" 按钮，打开 "函数参数" 对话框，在 Value1 文本框中输入 "A3：A20"，如图 4 - 69 所示。单击 "确定" 按钮，返回工作表中，K3 单元格中将显示员工总人数，如图 4 - 70 所示。

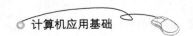

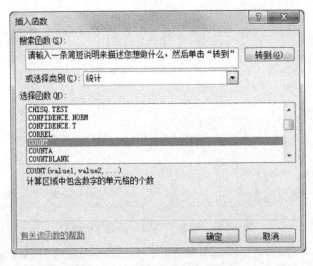

图 4 - 68　选择 "COUNT 函数"

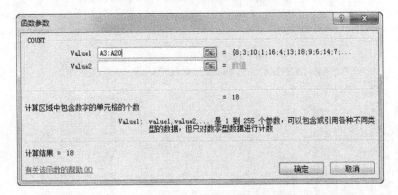

图 4 - 69　设置 "COUNT 函数" 的参数

图 4 - 70　显示员工总人数

（5）在"员工基本工资记录表"工作表，K5 单元格中输入"技术部员工人数"统计表中技术部的员工总人数，具体步骤为：选中 K5 单元格，单击"编辑栏"左侧的"插入函数"按钮 *fx*；或者，切换到"公式"选项卡"函数库"组中的"插入函数"按钮，都会打开"插入函数"对话框，在"或选择类别"下拉列表中选择"统计"，然后在其下方的"选择函数"列表框中选择 COUNTIF，单击"确定"按钮，打开"函数参数"对话框，在 Range 文本框中输入"C3：C20"，在 Criteria 文本框中输入"技术部"或鼠标单击 C3：C20 中单元格内容是"技术部"的任意一个单元格，如图4-71所示。单击"确定"按钮，返回工作表中，K5 单元格中显示员工总人数，如图4-72所示。

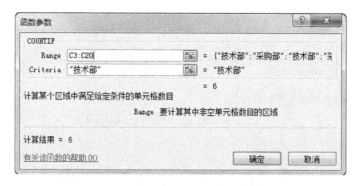

图4-71　设置"COUNTIF 函数"的参数

图4-72　显示技术部员工总人数

3. 在公式中用函数来计算

（1）单击"工资管理表"工作簿中的"员工工资管理表"工作表，运用公式计算出应扣请假费，应扣请假费 = 基本工资/30 * （事假天数 + 病假天数 * 0.5），而基本工资除以

30 可能会导致小数的出现，需要使用 ROUND，具体步骤为：在"应扣请假费"列中，选中 F4 单元格，单击"编辑栏"左侧"插入函数"按钮f_x；或者，切换到"公式"选项卡"函数库"组中"插入函数" 按钮，都会打开"插入函数"对话框，在"或选择类别"下拉列表中选择"数学与三角函数"，然后在其下方的"选择函数"列表框中选择 ROUND，单击"确定"按钮，打开"函数参数"对话框，在 Number 文本框中输入"D4/30 *（员工出勤统计表！D4 + 员工出勤统计表！E4 * 0.5）"，即计算应扣请假费；在 Num _ digits 文本框中输入 0，表示将应扣请假费四舍五入至整数，如图 4 - 73 所示。单击"确定"按钮，返回工作表中，F4 单元格中显示应扣请假费，如图 4 - 74 所示；使用填充柄，填充单元格 F5：F21，如图 4 - 75 所示。

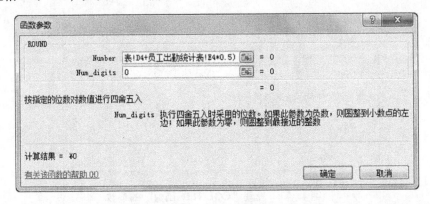

图 4 - 73　设置"ROUND 函数"的参数

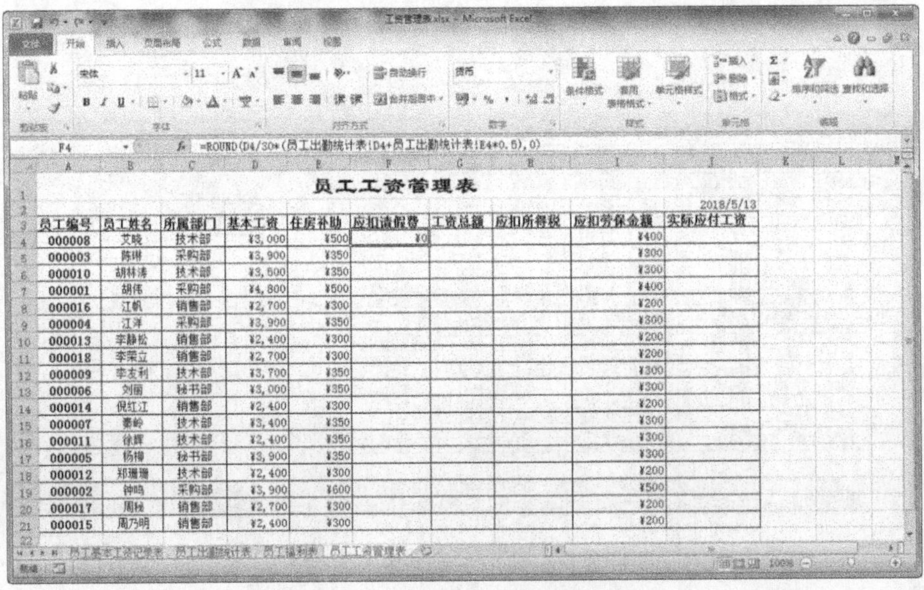

图 4 - 74　显示 F4 单元格的计算结果

图 4-75 使用填充柄计算所有员工应扣请假费

（2）在"员工工资管理表"工作表中，计算工资总额，工资总额 = 基本工资 + 住房补助 - 应扣请假费，运用公式或函数计算，方法与计算"员工基本工资记录表"中的"调整后的基本工资"类似，如图 4-76 所示。

图 4-76 计算所有员工工资总额

（3）在"员工工资管理表"工作表中，计算应扣所得税，假设工资总额超过 ¥3 000，才需缴纳所得税，且所得税为工资总额的 8%，具体步骤为：在"应扣所得税"列中，选中 H4 单元格，单击"编辑栏"左侧"插入函数"按钮 f_x；或者，切换到"公式"选项

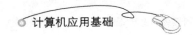

卡"函数库"组中"插入函数" $\scriptstyle fx$ 按钮，都会打开"插入函数"对话框，在"或选择类别"下拉列表中选择"逻辑"，然后在其下方的"选择函数"列表框中选择 IF，单击"确定"按钮，打开"函数参数"对话框，在 Logical_ test 文本框中输入"G4 > 3000"，即计算应扣所得税的条件；在 Value_ if_ true 文本框中输入"G4 * 8%"，表示当 G4 单元格中数据满足应扣所得税条件时则计算结果；在 Value_ if_ false 文本框中输入 0，如图 4 - 77 所示，单击"确定"按钮，返回工作表中，H4 单元格中显示出应扣所得税；使用填充柄，填充单元格 H5：H21，如图 4 - 78 所示。

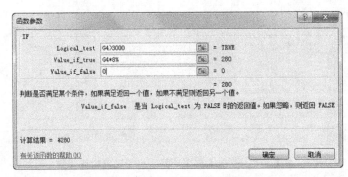

图 4 - 77　设置"IF 函数"的参数

图 4 - 78　使用填充柄计算所有员工应扣所得税

（4）在"员工工资管理表"工作表中，计算实际应付工资，实际应付工资 = 工资总额 - 应扣所得税 - 应扣劳保金额，具体步骤为：在"实际应付工资"列中，选中 J4 单元格，直接输入公式" = G4 - H4 - I4"后按 Enter 键，计算出 J4 单元格中的结果，然后使用填充柄，完成 J5：J21 单元格的计算，如图 4 - 79 所示。

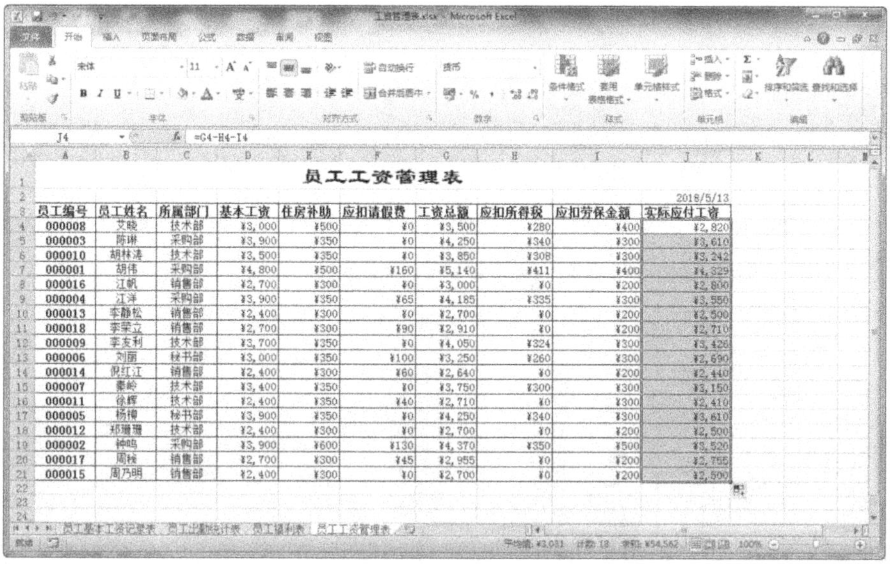

员工编号	员工姓名	所属部门	基本工资	住房补助	应扣请假费	工资总额	应扣所得税	应扣劳保金额	实际应付工资
000008	艾晓	技术部	¥3,000	¥500	¥0	¥3,500	¥280	¥400	¥2,820
000003	陈琳	采购部	¥3,900	¥350	¥0	¥4,250	¥340	¥300	¥3,610
000010	胡林涛	技术部	¥3,500	¥350	¥0	¥3,850	¥308	¥300	¥3,242
000001	胡伟	采购部	¥4,800	¥500	¥160	¥5,140	¥411	¥400	¥4,329
000016	江帆	销售部	¥2,700	¥300	¥0	¥3,000	¥0	¥200	¥2,800
000004	江洋	采购部	¥3,900	¥350	¥65	¥4,185	¥335	¥300	¥3,550
000013	李静松	销售部	¥2,400	¥300	¥0	¥2,700	¥0	¥200	¥2,500
000018	李荣立	销售部	¥2,700	¥300	¥90	¥2,910	¥0	¥200	¥2,710
000009	李友利	技术部	¥3,700	¥350	¥0	¥4,050	¥324	¥300	¥3,426
000006	刘丽	秘书部	¥3,000	¥350	¥100	¥3,250	¥260	¥300	¥2,690
000014	倪红江	销售部	¥2,400	¥300	¥60	¥2,640	¥0	¥200	¥2,440
000007	秦岭	技术部	¥3,400	¥350	¥0	¥3,750	¥300	¥300	¥3,150
000011	徐辉	技术部	¥2,400	¥350	¥40	¥2,710	¥0	¥300	¥2,410
000005	杨柳	秘书部	¥3,900	¥350	¥0	¥4,250	¥340	¥300	¥3,610
000012	郑珊珊	技术部	¥2,400	¥300	¥0	¥2,700	¥0	¥200	¥2,500
000002	钟鸣	采购部	¥3,900	¥600	¥130	¥4,370	¥350	¥500	¥3,520
000017	周梭	销售部	¥2,700	¥300	¥45	¥2,955	¥0	¥200	¥2,755
000015	周乃明	销售部	¥2,400	¥300	¥0	¥2,700	¥0	¥200	¥2,500

图 4-79　使用填充柄计算所有员工实际应付工资

本节任务主要介绍：多工作表的创建，重点掌握常用公式及函数的运用，正确地使用公式和函数进行计算，这也正是 Excel 2010 应用的核心。公式和函数的功能，给用户在数据运算和分析方面，带来了极大的便利；如果在实际使用中需要用到其他函数，可以参考联机帮助。

4.4　任务三：制作日常消费用表

【任务描述】

企业日常费用表应详细记录费用的发生时间、报销人及相关内容，一方面，可以清晰地反映出该季度的各项消费；另一方面，根据相关数据进行下一个季度的财务预算。

【任务分析】

制定企业日常费用表应注意以下几点。

（1）日常费用表包括序号、时间、员工姓名、所属部门、费用类别、金额以及备注等信息，如图 4-80 所示。

（2）备注信息主要简要说明费用类别相关信息。

（3）日常费用表单以及统计数据应打印出来，装订成册，以备今后使用。

（4）“企业日常费用表.xlsx”文件中的 Sheet1 工作表，在本次任务中多次被应用，建议在工作簿文件中建立多个副本工作表。

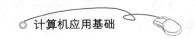

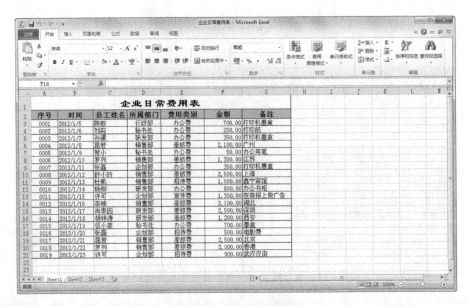

图4-80　企业日常费用表

【工作流程】

（1）对数据进行排序。

（2）对数据进行筛选。

（3）利用分类汇总进行费用统计。

（4）建立超链接。

【基本操作】

Excel 2010 提供了强大的数据管理功能，不仅能够拆分和冻结工作表，还能够按照类似数据库的管理方式，对工作表进行各种排序、筛选、分类汇总和建立数据透视表、数据透视图等操作。

1. 拆分工作表

一个工作表可以拆分为"两个窗口"或"四个窗口"。打开"企业日常费用表.xlsx"文件，切换至 Sheet1 工作表，单击要拆分的行或列的位置，单击"视图"选项卡里"窗口"组中的"拆分"命令 ▭拆分；或者将鼠标指向水平滚动条（或垂直滚动条），当光标形状变成 ✛（或 ✛）时，沿箭头方向拖动鼠标到工作表中适当的位置，放开鼠标，完成拆分，均可实现"企业日常消费表"的拆分，如图4-81所示。使用鼠标将拆分框拖回到原来的位置或单击"拆分"命令 ▭拆分，实现取消拆分。

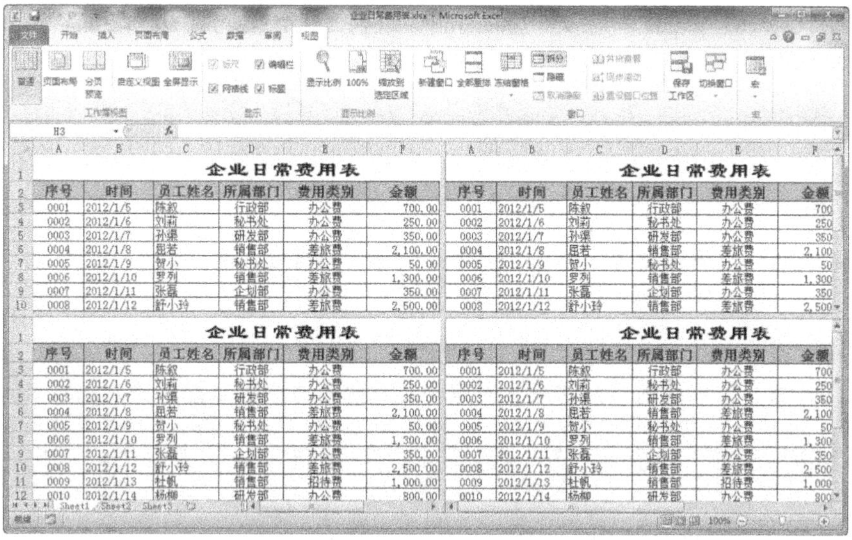

图 4-81 拆分工作表

2. 冻结工作表

当工作表数据信息较多时，需滚动浏览该工作表，经常会看不到工作表标题，这时可以使用冻结功能将工作表标题保持在原来的位置上。

若需冻结的区域为首行或首列，单击"视图"选项卡里"窗口"组中的"冻结窗格"命令，选择"冻结首行（R）"或"冻结首列（C）"，如图 4-82 所示。

若需冻结的区域不是首行或首列，具体步骤为：首先，选定需要冻结区域左上角的单元格；然后，单击"视图"选项卡里"窗口"组中的"冻结窗格"命令中"冻结拆分窗格（F）"，此时被选定单元格的上边和左边将出现直线，用户滚动单元格时，位于线条上边和左边的标题将被冻住，可以滚动其他单元格查找需要的内容。

图 4-82 "冻结窗格"命令

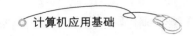

在冻结状态下，单击"视图"选项卡里"窗口"组中的"冻结窗格"命令中选择"取消冻结窗格（F）"，可取消窗口的冻结效果。

3. 数据排序

数据排序，第一种操作方法，可以利用"数据"选项卡里"排序和筛选"组中的"升序排序"按钮 或"降序排序"按钮 ；第二种操作方法，可以利用"开始"选项卡里"编辑"组中的"排序和筛选"按钮 ，也可选择"升序排序"按钮 或"降序排序"按钮 。

但利用上述两种方法，都只能进行一个关键字的排序。如果用户想对工作表的数据清单进行不同"关键字"字段内容升序或降序排序，则应该使用第三种操作方法。具体步骤：利用"数据"选项卡中"排序和筛选"组里"排序"按钮 ，或者利用"开始"选项卡里"编辑"组中"排序和筛选" 按钮中的"自定义排序（U）…" ，均能打开"排序"对话框，默认存在唯一"主要关键字"设置；单击"添加条件（A）"按钮，用户可以设置多个"次要关键字"，如图 4-83 所示，也可以按用户自定义的次序排序。

图 4-83 "排序"对话框

数据排序是按照一定的规则对数据进行重新排列，以便于浏览或为进一步数据处理做准备（例如：分类汇总）。

> **说明**
>
> 如果选定的数据清单内容中没有包含所有的列，Excel 2010 会弹出"排序警告"对话框，可以选择"扩展选定区域"或"以当前选定区域排序"，如果选中"扩展选定区域"，Excel 2010 会自动选定数据清单的全部内容；如果选中"以当前选定区域排序"，Excel 2010 将只对已选定的区域排序，未选定的区域不变，可能会引起数据错误。

4. 数据筛选

数据筛选，可以在工作表的数据区域中快速查找具有特定条件的记录，筛选后数据区域中只包含符合筛选条件的记录，便于浏览。数据筛选的操作方法，单击"开始"选项卡里"编辑"组中的"排序和筛选"按钮 ，选择"筛选（F）"命令 ；或者单击

"数据"选项卡中"排序和筛选"组里的"筛选"按钮 以及"高级筛选"按钮 ，可以进行自动筛选、高级筛选。

自动筛选可以利用列标题的下拉列表框，也可以利用"自定义自动筛选方式"对话框进行；自动筛选，可以单字段条件筛选亦可多字段条件筛选。

高级筛选，主要用于多字段条件筛选。使用高级筛选，用户必须先建立筛选的"条件区域"，用来编辑筛选的条件。条件区域的第一行是筛选条件的字段名，这些字段名必须与数据清单中的字段名完全一样。

说明

条件区域的其他行输入筛选条件，"与"关系的条件必须出现在同一行内，"或"关系的条件不能出现在同一行内。条件区域与数据清单区域不能连接，必须空行隔开。

取消自动筛选，可以单击"开始"选项卡里"编辑"组中"排序和筛选"按钮，选择"筛选（F）"命令；或者单击"数据"选项卡中"排序和筛选"组里的"筛选"按钮；列标题的下拉列表框将全部消失，自动筛选随即取消。

---

5. 数据分类汇总

Excel 2010 分类汇总是对工作表中数据清单的内容进行分类，然后统计同类记录的相关信息，包括求和、计数、平均值、最大值、最小值等，由用户进行选择。

分类汇总只能对工作表中的数据区域进行，数据区域的第一行必须有列标题。在进行分类汇总前，必须根据分类汇总的分类字段对数据区域进行排序。

创建分类汇总，可单击"数据"选项卡中"分级显示"组里的"分类汇总"按钮 ；删除分类汇总，可在"分类汇总"对话框中单击"全部删除"按钮；隐藏分类汇总数据，可将分类汇总后暂时不需要的数据隐藏起来，当需要查看时再显示出来；单击工作表左边列表树的"−"号，可以隐藏具体数据记录，只留下汇总信息，并且"−"变成"+"号；单击工作表左边列表树的"+"号，可将隐藏的数据记录信息显示出来。

6. 数据透视表/透视图

数据透视表是对大量数据快速汇总和建立交叉列表的交互式表格。可以转换行和列以查看原始数据的不同汇总结果，也可以显示不同页面以筛选数据，还可以根据需要显示区域中的细节数据。

创建数据透视表，必须先行创建数据区域。数据透视表是根据数据区域列表生成的，数据区域中每一列都成为汇总多行信息的数据透视表字段，列名为数据透视表的字段。

数据透视图类似数据透视表和图表相结合，以图形的形式表示数据透视表中的汇总数据，能更加直观地显示数据透视表中的数据，方便用户对数据进行分析。

创建数据透视表/透视图，在 Excel 2010 中的操作基本相同，单击"插入"选项卡中"表格"组里的"数据透视表"按钮 ，在弹出下拉菜单中可以选择建立"数据透视表"还是"数据透视图"。

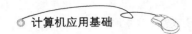

【详细步骤】

1. 对数据进行排序

在"企业日常费用表"工作簿中的 Sheet1 中，将 Sheet1 重命名为"日常费用表"。然后，以"所属部门"为主要关键字，"费用类别"为次要关键字，"金额"为次要关键字的顺序，均进行降序排序，具体操作步骤如下。

（1）进行排序前，选定数据清单上的一个字段即工作表中包含相关数据的一列，就是为了给出一个排序的依据。单击 A1：G21 中的任意单元格，例如：单击 C6 单元格；然后，单击"数据"选项卡中"排序和筛选"组里 按钮；或者，单击"开始"选项卡里"编辑"组中 按钮中的 自定义排序(U)... 命令，打开"排序"对话框；单击"添加条件(A)"按钮两次，设置两个"次要关键字"，如图 4-83 所示。

（2）"排序"对话框中，单击"主要关键字"旁的下拉箭头，在弹出的下拉列表中选择"所属部门"列，并在其右侧单击"次序"下拉列表，选中"降序"，其他为默认值；同样的方法，设置"次要关键字"为"费用类别""降序"；设置第二个"次要关键字"为"金额""降序"，如图 4-84 所示；单击"确定"按钮，关闭"排序"对话框，返回工作表中，排序结果如图 4-85 所示。

图 4-84　按要求设置"排序"对话框

图 4-85 数据清单排序后效果

2. 对数据进行筛选

数据筛选最常用的操作是自动筛选和高级筛选，筛选比排序更加灵活，其优越性在相当复杂的数据清单中尤为突出。

1）自动筛选

筛选出数据区域中，所属部门是"企划部"，金额在"￥500～1 500"之间的数据记录，使用自动筛选，具体步骤如下。

（1）单击 A1：G21 中任意单元格，单击"开始"选项卡里"编辑"组中 按钮，选

择 命令；或者，单击"数据"选项卡中"排序和筛选"组中按钮 ，此时系统会在列标题所在的单元格右侧添加下拉箭头。单击"所属部门"单元格 D2 的下拉箭头，在弹出的下拉列表选择其中的"企划部"项，如图 4－86 所示，单击"确定"按钮，系统会显示出相应的记录，如图 4－87 所示。

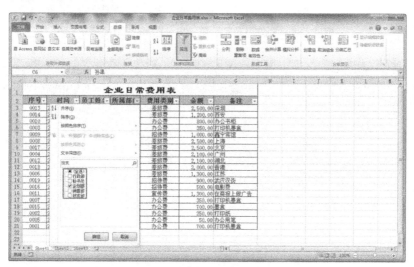

图 4－86　设置自动筛选"企划部"条件

图 4－87　筛选出"企划部"的数据清单

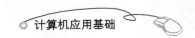

（2）单击"金额"单元格F2的下拉箭头按钮，在弹出的下拉列表中选择"数字筛选（F）"命令，在弹出的右键菜单中选择"介于"命令，打开"自定义自动筛选方式"对话框，将"金额"为500～1 500的记录筛选出来，具体设置如图4-88所示。最后，单击"确定"按钮，关闭"自定义自动筛选方式"对话框，返回工作表中，两次自动筛选结果，如图4-89所示。

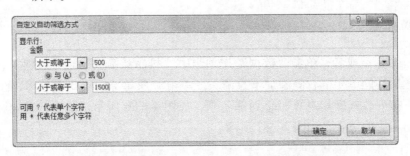

图4-88　筛选"金额"在500～1 500之间的记录

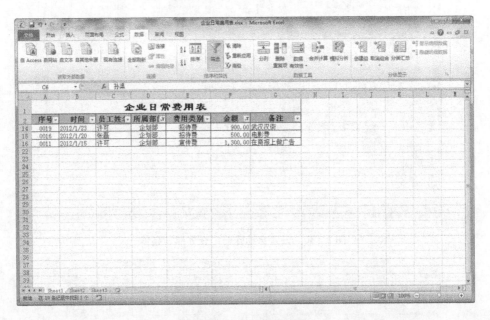

图4-89　自动筛选结果

2）高级筛选

在处理数据时，有时自动筛选不能够满足所有的需要，因为在实际使用过程中，很多情况在一个标准下没有可比性，需要制定不同的标准，即需要根据不同的情况设置不同的筛选条件，这就需要使用高级筛选来查询数据。

> **说明**
>
> 　　首先，需要用户自行建立条件区域，这个条件区域不是数据清单的一部分，而是用来确定高级筛选的筛选条件；其次，建立多行的条件区域时，"与"关系的条件必须出现在同一行内，"或"关系的条件不能出现在同一行内，即位于不同的行中，"介于"关系的条件可变成两个"与"条件；再次，条件区域的位置不固定，但至少要使用一个空行或一个空列将其与数据清单隔开，否则，Excel 2010 会将条件区域作为数据清单的一部分；最后，条件区域中至少包含一个条件标识行（即数据清单中至少一个列标题），至少要有一行来定义搜索条件。

　　现在对本例，取消"自动筛选"所有操作，在 Sheet1 中进行高级筛选，假设用户想查询"销售部"费用"超过 2 000"的记录，具体操作步骤如下。

　　（1）筛选条件有两个："所属部门"是"销售部"和"金额"是"＞2 000"，显然两个条件必须同时满足，因此，按照"与"关系创建筛选条件区域，如图 4-90 所示。

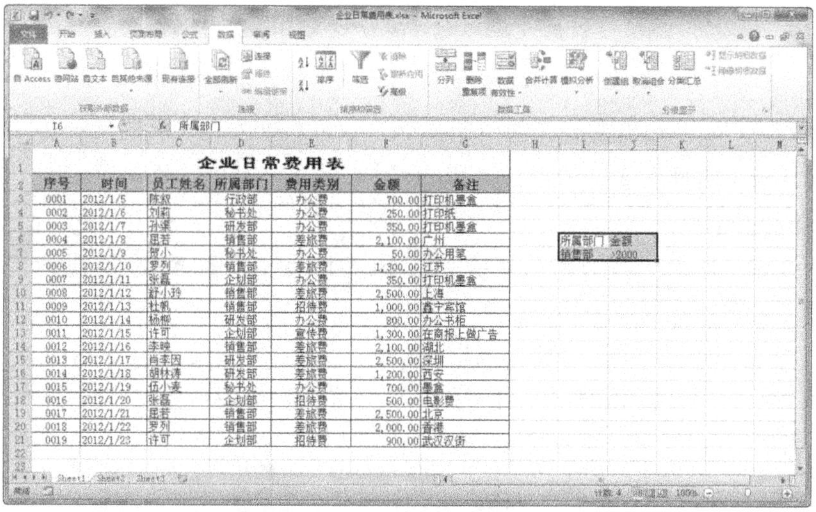

图 4-90　设置高级筛选条件区域

　　（2）选定数据清单中 A2：G21 区域，单击"数据"选项卡中"排序和筛选"组里"高级筛选"按钮，打开"高级筛选"对话框。在该对话框中的"方式"单选框中选择"在原有区域显示筛选结果"选项，高级筛选结果在原数据清单区域显示；用户若想在其他区域显示高级筛选结果，单击"将筛选结果复制到其他位置"，此时，下方"复制到（T）："命令被激活，单击"复制到（T）："文本框右侧的折叠按钮，在工作表中直接选取筛选结果放置的区域即可。单击"条件区域"文本框右侧的折叠按钮，在工作表中选取条件区域 I6：J7，对话框完整设置情况，高级筛选结果

图 4-91　"高级筛选"对话框设置

173

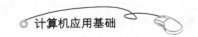

在原有数据区域显示，如图 4 - 91 所示。

（3）其余保持系统默认，然后单击"确定"按钮，关闭"高级筛选"对话框，返回工作表，可以看到筛选结果，如图 4 - 92 所示。

图 4 - 92　高级筛选结果

3. 利用分类汇总进行费用统计

平常制作电子表格时，经常需要对数据进行分类汇总。分类汇总是对数据内容进行分析和管理的一种可行性方法。

1）简单分类汇总

现在对本例，取消"高级筛选"所有操作，对工作表 Sheet1 进行分类汇总，具体操作步骤如下。

（1）工作表 Sheet1 中的"费用类别"是分类字段，所以必须以"费用类别"做"主要关键字"进行"升序"排序（亦可"降序"排序，根据用户要求而定），排序后结果如图 4 - 93 所示。

图 4 - 93　"费用类别"做关键字升序排序

（2）选中工作表数据区域中的任意单元格，单击"数据"选项卡中"分级显示"组里的"分类汇总"按钮，打开分类汇总对话框，在该对话框中的"分类字段（A）"列表框中选择"费用类别"项，在"汇总方式（U）"列表框中选择"求和"项，在"选定汇总项（D）"中选择"金额"项，其余均保持默认设置，如图 4 - 94 所示。

最后，单击"确定"按钮，关闭"高级筛选"对话框，返回工作表，此时可以看到分类汇总的结果，如图 4 - 95 所示。

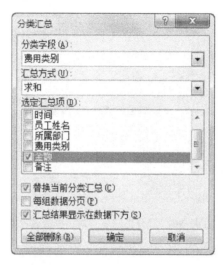

图 4 - 94 "分类汇总"对话框设置

图 4 - 95 分类汇总结果

2）嵌套分类汇总

接下来介绍在原有的数据清单中生成嵌套分类汇总，这里在上面的汇总结果的基础上添加"费用类别"的"金额"的最大值，具体操作步骤如下。

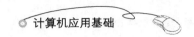

（1）选中工作表数据区域中的任意单元格，单击"数据"选项卡中"分级显示"组里的"分类汇总"按钮 ，打开分类汇总对话框，在该对话框中的"汇总方式（U）"列表框中选择"最大值"项，单击"替换当前分类汇总"选项前的复选框，其余均保持默认设置，如图4-96所示。

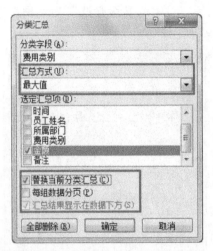

图4-96 "分类汇总"对话框嵌套设置

（2）单击"确定"按钮，关闭"高级筛选"对话框，返回工作表，此时可以看到分类汇总的结果，如图4-97所示。

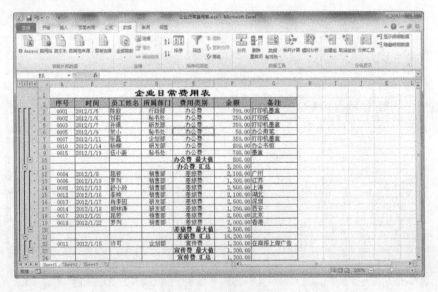

图4-97 它类汇总结果

4. 建立超链接

超链接可以从一个工作簿或文件快速跳转到其他工作簿或文件，它可以建立在单元格的文本或图形上。

将超链接插入至"企业日常费用表"工作簿中的 Sheet1 中的 E11 单元格,具体操作如下。

(1)选中 E11 单元格,单击"插入"选项卡中"链接"组里的"超链接"命令 ;或者单击鼠标右键,选择"超链接"命令,都会打开"超链接"对话框,如图 4-98 所示。

图 4-98 "超链接"对话框

(2)在"超链接"对话框左侧,选择"链接到"的具体位置:"所有文件夹或网页""文档中的位置""新建文档""电子邮件地址"。

(3)在"超链接"对话框左侧,选择"链接到"中的"新建文档"选项,在"新建文档名称"文本框中输入文件名称"BOOK",此时"完整路径"区域会显示新建的文档的默认位置,即当前工作簿保存的路径,如图 4-99 所示,其余均保持默认设置,单击"确定"按钮,此时会打开文件名为 BOOK 的新建空白文件。

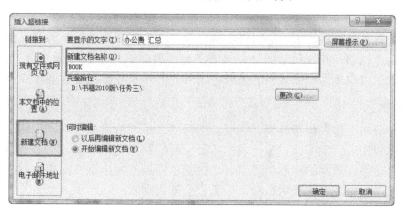

图 4-99 设置链接到新文档

(4)超链接设置完毕后,单元格 E11 中的文字会自动变成蓝色并加上下划线,将鼠标移至单元格 E11 上,此时鼠标变成手形,同时鼠标下方出现一个文本框,里面显示的内容为提示此超链接的目的地址及文件,如图 4-100 所示。用鼠标指向包含超链接的单元格或图形,单击鼠标右键打开快捷菜单并选择"取消超级链接"命令,即可取消超链接。

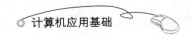
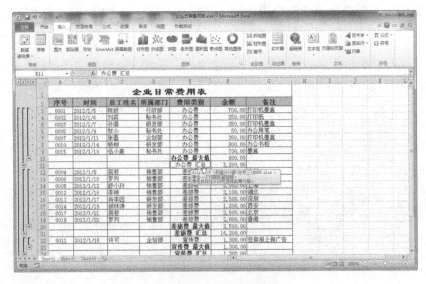

图 4 - 100   超链接设置效果

本任务介绍了如何对工作表中的数据进行排序、筛选和分类汇总，从中得到所需要的数据排列方式或满足特定要求的数据，对其中的数据进行分析或者汇总计算的方法；以及如何对单元格设置超链接。通过本章的学习，大家可以根据需要制定不同的标准对数据进行整理，不仅方便管理，而且获取数据信息也更加方便。

4.5   任务四：制作销售统计分析

【任务描述】

在企业的日常经营运转中，随时要收集公司的产品销售情况，了解产品的市场需求量以调整产品生产计划，并分析地区性差异等各种因素，这些信息纷繁复杂，如果能直观、清晰、富有吸引力地显示数据之间的关系，则可为公司领导者制定政策和决策提供依据。

【任务分析】

销售统计分析工作表包括日期、区域、销售额、平均销售额等内容，将相应的工作表中的数据制作成图表，就可以直观地表达所要说明的数据变化和差异，表现数字间的对比关系，图表是工作表数据的图形化表示。当数据以图形方式显示在图表中时，图表与相应的数据相链接，当修改工作表数据时，图表也会随之更新。

【工作流程】

（1）创建图表。

（2）编辑和修改图表。

（3）修饰图表。

【基本操作】

Excel 2010 提供了 11 种标准图表类型，每一种图表类型又分为多个子类型，可以根据需要选择不同的图表类型表现数据。常用的图表类型有：柱形图、条形图、折线图、饼图、面积图、XY 散点图、圆环图、雷达图、曲面图、气泡图、股价图。

1．图表的构成

Excel 2010 中的图表，如图 4 - 101 所示，分为嵌入式图表与独立图表。嵌入式图表是指图表作为一个对象与其相关联的工作表数据存放在同一工作表中；独立图表是指图表以一个工作表的形式插在工作簿中，在打印输出时，独立图表占一个页面。

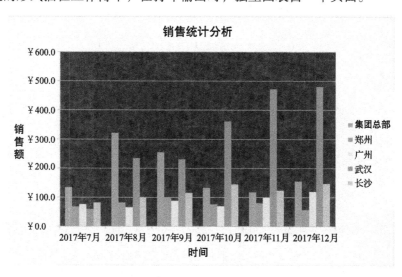

图 4 - 101　Excel 2010 中绘制图表

一个图表主要由以下 7 部分构成。

1）图表标题

图表标题用来描述图表的名称，默认位置是图表的顶端，可以根据用户需要给图表设置标题，也可以不设置图表标题。

2）坐标轴与坐标轴标题

坐标轴与坐标轴标题是 X 轴和 Y 轴的名称，可以由用户设置。

3）图例

图例包含图表中相应的数据系列的名称和数据系列在图中的颜色。

4）绘图区

绘图区是以坐标轴为界的区域。

5）数据系列

一个数据系列对应工作表中选定区域的一行或一列的数据。

6）网格线

网格线是从坐标轴刻度线延伸出来并贯穿整个绘图区的线条系列，可以由用户根据需要设置。

7）背景墙与基底

三维图表中会出现背景墙与基底，是包围在许多三维图表周围的区域，用于显示图表的边界。

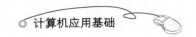
2. 建立图表

首先，在工作表中选定生成图表的数据区域，单击"插入"选项卡中"图表"组，如图 4-102 所示，根据需要选择生成图表的类型（即在柱形图、折线图、饼图、条形图、面积图、散点图和其他图表中选择一种图表类型）；然后选择图表类型及子类型，建立图表。

图 4-102　"插入"选项卡"图表"组

【详细步骤】

打开"销售统计分析.xlsx"文件，选中工作簿中 Sheet1 工作表，利用 SUM 与 AVERAGE 函数计算工作表中的"平均销售额"与"上半年合计"，计算后的结果填入相应的单元格中，销售统计分析表如图 4-103 所示。

图 4-103　销售统计分析表

1．创建图表

在"销售统计分析 . xlsx"工作簿 Sheet1 工作表，对上半年各地销售额，绘制簇状柱形图，创建图表的方法有以下两种。

（1）使用"插入"选项卡中"图表"组命令创建图表，具体步骤如下。

①选中要绘制图表数据所在的区域 B4：F9，单击"插入"选项卡中"图表"组里"柱形图"命令，选择图表类型下拉列表中的"柱形图"中的簇状柱形图，如图 4－104 所示。单击鼠标选中簇状柱形图，立刻生成对应数据区域的柱形图，并且选项卡中会增加"图表工具"选项卡，该选项卡里分别包含"设计""布局"和"格式"三个子选项卡，如图 4－105 所示。

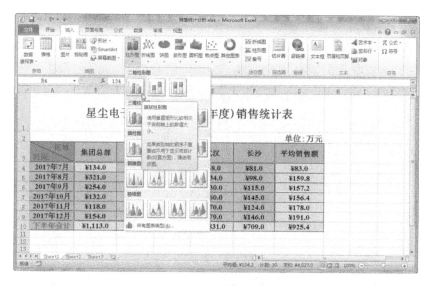

图 4－104　设置图表类型

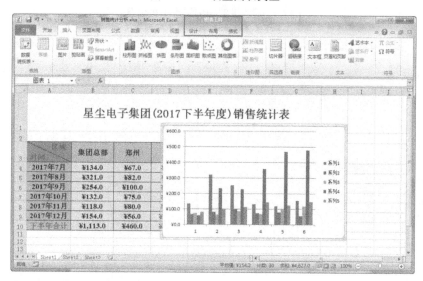

图 4－105　调出"图表"选项卡

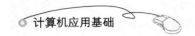
②单击新增"图表工具"选项卡中"设计"子选项卡里"数据"组中的"选择数据"
按钮，打开"选择数据源"对话框，如图4－106所示；在该对话框中，分别设置"图
例项（系列）（S）"与"水平（分类）轴标签（C）"，具体设置如图4－107所示；单击
对话框中"确定"按钮，完成图表绘制，如图4－108所示。

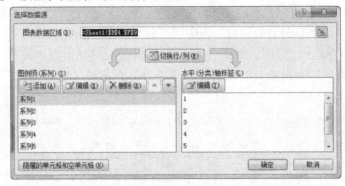

图4－106　"选择数据源"对话框

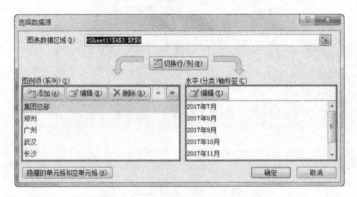

图4－107　设置图例和水平轴信息

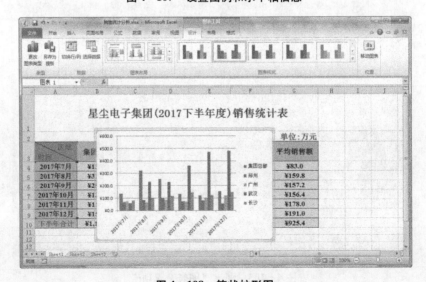

图4－108　簇状柱形图

> **说明**
>
> 　　在"数据区域"选项卡中给出图表的样本，如果想改变图表的数据来源，可以选取所要的单元格区域。在"系列产生在"中可通过选择"行"与"列"来决定将行标题或列标题中的哪一个作为主要分析对象，而这个分析对象对应的是图表中的横坐标。

　　③单击新增"图表工具"选项卡中"布局"子选项卡里"标签"组中相关按钮，设置图表的详细信息。具体步骤：利用"标签"组里"图表标题"按钮，在弹出的下拉菜单中选择"图表上方"（标题位置），在柱形图中的"图表标题"文本框中输入文字"销售统计分析"；单击"标签"组里"坐标轴标题"按钮，在弹出的下拉菜单中分别选择"主要横坐标轴标题（H）"命令、"坐标轴下方标题"命令、"主要纵坐标轴标题（V）"命令、"竖排标题"命令，在柱形图中会出现两个"坐标轴标题"文本框，分别输入文字"时间"和"销售额"，如图 4 - 109 所示。

图 4 - 109　设置柱形图图表标题和横纵坐标轴标题

　　（2）快速生成图表工作表，具体步骤如下：选中要绘制图表数据所在的区域 B4：F9，按键盘上的 F11（生成柱形图快捷键），在当前工作簿中插入一张独立图表并命名为"Chart1"，将其重命名为"二维图表"，如图 4 - 110 所示。对该独立图表中图例、水平坐标轴、图表标题和横纵坐标轴标题的设置，均与第 1 种方法中相同。

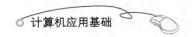

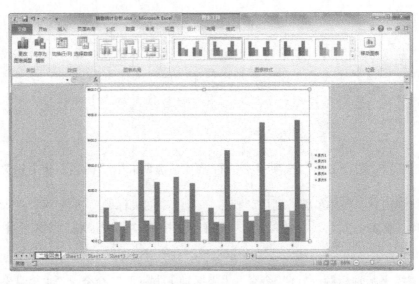

图 4-110　创建独立图表

2. 修饰图表

创建图表后，可以对图表进行修饰，包括设置图表的颜色、图案、线形、填充效果、边框和图片等，也可以对图表中的图表区、绘图区、坐标轴、背景墙和基底等进行设置，可使用新增"图表工具"选项卡中"格式"子选项卡完成。

在"销售统计分析.xlsx"工作簿中，切换到 Sheet1 工作表，将对完成的柱形图进行修饰，具体操作如下。

（1）选中绘制的簇状柱形图（即图标区），单击新增"图表工具"选项卡中的"格式"子选项卡，选择"形状样式"组里"形状填充"按钮 形状填充，弹出下拉菜单，如图 4-111 所示，选中"纹理"命令中的"粉色面巾纸"，如图 4-112 所示。图表完成设置，如图 4-113 所示。

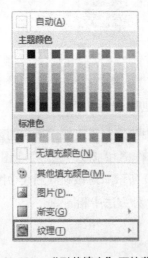

图 4-111　"形状填充"下拉菜单

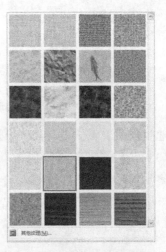

图 4-112　设置纹理图案

图 4 - 113　设置"图表格式"的效果

（2）选中绘制的簇状柱形图中的绘图区，如图 4 - 114 所示，单击新增"图表工具"选项卡中的"格式"子选项卡，选择"形状样式"组里的"形状填充"按钮 形状填充 ，弹出下拉菜单，如图 4 - 111 所示，选中"纹理"命令中"紫色网格"，图表完成设置，如图4 - 115所示。

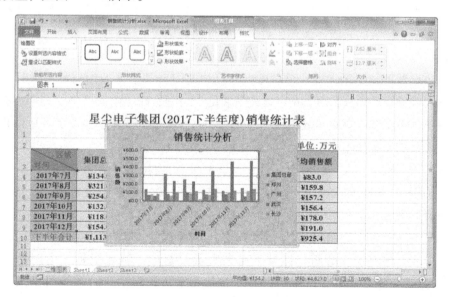

图 4 - 114　选中"绘图区"

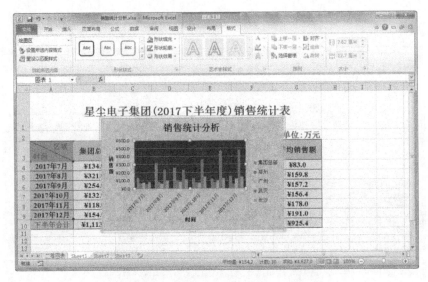

图 4－115　设置"绘图区格式"的效果

本任务针对 Excel 2010 绘制图表的功能，主要介绍了如何将统计表的数据转化为图表的形式，如何设置图表中坐标轴的标题、数值轴、图表区及绘图区等相关格式，以达到修改及美化图表的效果。通过本章的学习，大家可以根据实际情况画出所需要的图形、图表。

拓展阅读

Excel 的数据处理功能在现有的办公软件中非常出色，它不仅能够方便地处理表格和进行图形分析，强大的功能还体现在对数据的自动处理和计算中。

Excel 中的函数其实是一些预定义的公式，使用参数的特定数值按特定的顺序或结构进行计算。函数可以简化公式，用户可以直接用它们对某个区域内的数值进行一系列运算，如分析和处理日期值和时间值、确定贷款的支付额、确定单元格中的数据类型、计算平均值、排序显示和运算文本数据等等。嵌套函数，就是指在某些情况下，可以将某函数作为另一函数的参数使用。

参数可以是数字、文本、形如 TRUE 或 FALSE 的逻辑值、数组、形如 #N/A 的错误值或单元格引用。给定的参数必须能产生有效的值。参数也可以是常量、公式或其他函数，还可以是数组、单元格引用等。

数组用于建立可产生多个结果或可对存放在行和列中的一组参数进行运算的单个公式。在 Excel 中有两类数组：区域数组和常量数组。区域数组是一个矩形的单元格区域，该区域中的单元格共用一个公式；常量数组将一组给定的常量用作某个公式中的参数。

Excel 函数一共有 11 类，分别是数据库函数、日期与时间函数、工程函数、财务函数、信息函数、逻辑函数、查询和引用函数、数学和三角函数、统计函数、文本函数以及用户自定义函数。

1. 数据库函数

当需要分析数据清单中的数值是否符合特定条件时，可以使用数据库工作表函数。例如，在一个包含销售信息的数据清单中，可以计算出销售数值大于 1 000 且小于 2 500 的行或记录的总数。Excel 共有 12 个工作表函数用于对存储在数据清单或数据库中的数据进行分析，这些函数的统一名称为 Dfunctions，也称为 D 函数，每个函数均有三个相同的参数：database、field 和 criteria。这些参数指向数据库函数所使用的工作表区域。其中参数 database 为工作表上包含数据清单的区域；参数 field 为需要汇总的列的标志；参数 criteria 为工作表上包含指定条件的区域。

2. 日期与时间函数

通过日期与时间函数，可以在公式中分析和处理日期值和时间值。

3. 工程函数

工程函数用于工程分析。这类函数中的大多数可分为三种类型：对复数进行处理的函数、在不同的数制系统（如十进制系统、十六进制系统、八进制系统和二进制系统）间进行数值转换的函数、在不同的度量系统中进行数值转换的函数。

4. 财务函数

财务函数可以进行一般的财务计算，如确定贷款的支付额、投资的未来值或净现值，以及债券或息票的价值。财务函数中常见的参数如下。

未来值（fv）——在所有付款发生后的投资或贷款的价值。

期间数（nper）——投资的总支付期间数。

付款（pmt）——对于一项投资或贷款的定期支付数额。

现值（pv）——在投资期初的投资或贷款的价值。例如，贷款的现值为所借入的本金数额。

利率（rate）——投资或贷款的利率或贴现率。

类型（type）——付款期间内进行支付的间隔，如在月初或月末。

5. 信息函数

可以使用信息函数确定存储在单元格中的数据的类型。信息函数包含一组称为 IS 的工作表函数，在单元格满足条件时返回 TRUE。例如，如果单元格包含一个偶数值，ISEVEN 工作表函数返回 TRUE。如果需要确定某个单元格区域中是否存在空白单元格，可以使用 COUNTBLANK 工作表函数对单元格区域中的空白单元格进行计数，或者使用 ISBLANK 工作表函数确定区域中的某个单元格是否为空。

6. 逻辑函数

使用逻辑函数可以进行真假值判断，或者进行复合检验。例如，可以使用 IF 函数确定条件为真还是假，并由此返回不同的数值。

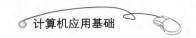

7. 查询和引用函数

当需要在数据清单或表格中查找特定数值，或者需要查找某一单元格的引用时，可以使用查询和引用工作表函数。例如，如果需要在表格中查找与第一列中的值相匹配的数值，可以使用 VLOOKUP 工作表函数。如果需要确定数据清单中数值的位置，可以使用 MATCH 工作表函数。

8. 数学和三角函数

通过数学和三角函数，可以处理简单的计算，例如对数字取整、计算单元格区域中的数值总和或进行复杂计算。

9. 统计函数

统计函数用于对数据区域进行统计分析。例如，统计工作表函数可以提供由一组给定值绘制出的直线的相关信息，如直线的斜率和 y 轴截距，或构成直线的实际点数值。

10. 文本函数

通过文本函数，可以在公式中处理文字串。例如，可以改变大小写或确定文字串的长度。可以将日期插入文字串或连接在文字串上。下例说明如何使用函数 TODAY 和函数 TEXT 来创建一条信息，该信息包含着当前日期并将日期以 "dd – mm – yy" 的格式表示 = TEXT（TODAY（），"dd – mm – yy"）。

11. 用户自定义函数

如果要在公式或计算中使用特别复杂的计算，而工作表函数又无法满足需要，则需要创建用户自定义函数。这些函数称为用户自定义函数，可以通过使用 Visual Basic for Applications 来创建。

课后练习

1. 熟悉"开始"与"布局"选项卡，用鼠标逐个移动到各按钮上，观察弹出的文本说明框内容。

2. 练习各类数据的输入，在 A 列单元格中从上至下输入下列数据，并观察数据在单元格中的显示位置：12345、12%、%12、$100.25、100.25$、1.23E2、Excel、大学学生处、计算机应用基础、2012/03/20，2012 – 03 – 20，14：00、2：000 pm。

3. 自动填充练习：

（1）激活工作表 Sheet1，在表中进行自动填充练习要求：在 B ~ I 列进行下列自动填充练习，在 B1、C1、D1、E1、F1、G1、H1、I1 中分别输入下列内容：一月、星期一、Jan、January、Monday、Mon、甲、子，填充后的效果如图 4 – 116 所示。

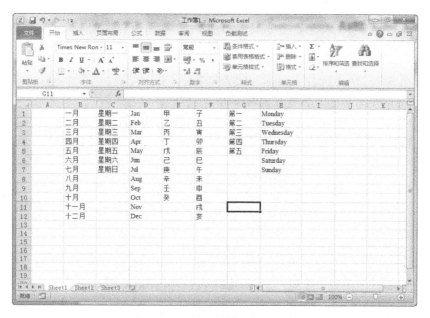

图 4-116　自动填充后的效果

（2）在 A 列进行等比级数的输入练习，在 A1 输入数字 1，选择 A1，依次执行"开始"选项卡中"编辑"组里"填充"命令中"序列"命令，在弹出的对话框中选择：填充位置——列、数据类型——等比、步长值——2、终止值——（不设置），最后单击"确定"按钮。

4．多工作表输入练习，首先插入一张新工作表 sheet4，同时选定工作表 sheet2 和 sheet4，在工作表 sheet2 中建立一个课程表，请将自己一周的课程安排输入到表中，观察两个表中的内容是否一致。

5．练习简单公式的输入，打开一个新的工作簿，在 A 列单元格中分别输入下列公式：A1：= 1 + 2，A2：= 1 < 2，A3：= "B" < "A"，A4：= "姓" & "名"，A5：= "："& "输入你的真实姓名"，A6：= 输入你的生日日期，A7：= 输入今天的日期。

6．单元格引用的公式输入练习，继续在 A 列单元格中分别输入下列公式，观察并分析结果：A8：= A1 + A2，A9：= A1 + A3，A10：= A1 + A4，A11：= A4&A5，A12：= A7 - A6。

7．启动 Excel 2010，在空白工作表中输入成绩表，如图 4-117 所示，并以 CJ1. XLS 为名保存于 E 盘根目录中，对该工作表进行如下操作。

（1）计算出每个学生的总分（可用多种方法：直接输入公式、单元格引用、复制公式）。

（2）利用函数，求出各科的最高分、最低分及全班平均成绩，平均值保留两位小数。

（3）在姓名之后插入一列"性别"，刘丽娜、吴雪梅、伍华为女生，其余均为男生。

（4）在姓名之前插入一列"学号"，第一个学生的学号是"020101"，以后每个学号在前一个的基础上增加 1，要求使用自动填充序列的方法完成学号的输入。

（5）将"2018 级电子商务 1 班成绩表"所在的多个单元格合并居中显示。

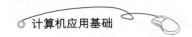

（6）在表格后加上制表人、制表日期。

（7）利用函数计算出总人数、优秀数及优秀率，并为该工作表设置边框，内外边框线型不一样（具体线型自定义）。

（8）将优秀学生的数据复制到 Sheet3 工作表中。

（9）最后以 CJ2. xlsx 为名将其保存于 D 盘根目录中。

图 4 - 117　输入成绩表

7. 打开先前保存的 CJ2. xlsx，在 Sheet2 和 Sheet3 间插入新工作表 Sheet4，将 Sheet1 工作表改名为"成绩表"，再将其复制到 Sheet2 工作表。对该工作表进行如下操作。

（1）将所有的标题行用双画线，楷体，加粗 20 号字，字体颜色为蓝色，对齐方式采用合并单元格且水平与垂直方向都居中，行高设置成"最合适行高"。

（2）将表格各栏标题设置成黑体 16 号字，底纹设为标准蓝色，将"性别"列及其数据删除。

（3）将表格中所有列设置成"最合适的列宽"，所有的数据"水平并垂直居中"。

（4）将制表人、制表日期移至表格右边，并填写数据，设为 14 号隶书。

（5）将"总人数""优秀数""优秀率"的对齐方式设为 45°方向。

（6）将"最高分"所在的所有列设置为淡紫色底纹。

（7）设置条件格式：对各科成绩（C4：E12）小于 60 分的科目，字体用红色加粗，采用深蓝逆对角线条纹图案；大于等于 90 分的科目，字体用蓝色加粗倾斜，标准红色底纹。

（8）将"成绩表"中的数据复制到 Sheet4 中，然后对 Sheet4 采用自动套用"三维效果 2"格式，将 Sheet4 工作表改名为"三维效果成绩表"。

8. 启动 Excel 2010，在空白工作表中输入如表 4 - 3 所示的数据，并以 CJ3. xlsx 为名保存于 E 盘根目录中，对该工作表进行如下操作。

表 4-3 统计表

	一月	二月	三月	四月	五月
磁盘生产	$15,642	$14,687	$18,741	$19,457	$15,412
打包	$2,564	$2,407	$3,071	$3,188	$2,525
运费	$1,025	$962	$1,227	$1,274	$1,009
销售	$3,560	$3,341	$4,261	$4,424	$3,504
月总开支（1）					
年度总开支（2）					
（1）占（2）百分比					

（1）运用公式完成"月总开支""年度中开支"及"（1）占（2）百分比"选项中相应单元格的数据。

（2）利用工作表生成水平轴是月份的二维柱形图。

9. 数据导入练习，进行如下操作。

（1）将"练习9. txt"文件中的内容制作成电子表格文件"1. xlsx"，应用 Excel 2010 主菜单"数据"的"获取外部数据"命令中导入此文本文件的数据（逗号为间隔符），其中南京、北京和武汉等分公司字样分别作为合并单元格的内容输入。

（2）在"1. xlsx"中，分别完成每月四种计算机外设在全国三个分公司的销售额计算；要求销售额的格式为"会计专用"格式（带符号¥，带一位小数），将工作表重命名为"原始销售表"。

（3）将"原始销售表"建立副本并命名为"一月份销售统计"，在"一月份销售统计"工作表中分别统计一月份四种计算机外设在全国三个分公司的月销售数量及销售额；完成上述操作后为该数据表添加边框线。

（4）复制"原始销售表"中的数据到新建工作表"销售表筛选"中，用筛选的方法将三个公司销售数量均在 100 以上（不含 100）的数据筛选出来。

（5）分类汇总，根据"原始销售表"新建工作表"上半年分类统计"，分别练习下列"分类汇总"：

① 每月四种计算机外设在全国三个分公司的月销售数量及销售额；

② 上半年四种计算机外设在三个分公司的销售数量及销售额；

③ 各分公司上半年的销售总数和销售总额；

④ 上半年各分公司每种外设销售数量最多达到的数量。

第 5 章　幻灯片制作软件 PowerPoint 的使用

学习内容

本章将通过完成两个 PowerPoint 演示文稿的编辑制作任务，讲解 PowerPoint 2010 的主要功能和使用方法。

学习目标

技能目标：

（1）掌握演示文稿的创建、打开和保存方法，演示文稿的打包和打印方法。

（2）掌握幻灯片的制作：文字编排，图片、艺术字、表格、图表、超级链接和多媒体对象的插入及其格式化。

（3）掌握幻灯片母版的使用背景设置和设计模板的选用。

（4）掌握幻灯片的插入、删除和移动，幻灯片版式及使用动画、放映方式和切换效果对幻灯片放映效果的设置。

PowerPoint 是 Microsoft Office 的套装软件成员之一。它的主要功能就是制作演示文稿及幻灯片，应用于演讲、会议、课程讲座、产品发布等各行业及领域中的各项工作，制作的演示文稿可以通过计算机屏幕或者投影仪播放。其优点是可以使枯燥的报告变得引人入胜、条理清晰，而且拥有屏幕显示的特殊功能，能够全面提高工作的质量和效率。

5.1　基本技能

5.1.1　技能 1：PowerPoint 的启动、退出

1. 启动 PowerPoint

PowerPoint 的常用启动方法有以下两种。

方法一：从"开始"菜单启动。

PowerPoint 作为运行于 Windows 环境下的一款应用软件，可以采用 Windows 常规程序启动方法：单击任务栏左侧的"开始"菜单，选择"所有程序"菜单中的 Microsoft Office 菜单，选择 Microsoft Office PowerPoint 命令，即可启动 PowerPoint。

方法二：快捷方式启动。

PowerPoint 安装完毕后，可以在 Windows 桌面上为其创建快捷方式图标，双击图标即可启动 PowerPoint。

2. 退出 PowerPoint 2010

在将文档编辑完毕之后，应先将文档保存（保存文档的方法将在后面介绍），然后关闭 PowerPoint 2010 应用程序窗口，退出这个应用程序。其操作方法有如下三种。

方法一：单击 PowerPoint 2010 应用程序窗口的"关闭"按钮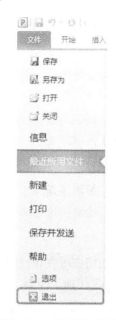。

方法二：单击 PowerPoint 2010 应用程序窗口的"文件"选项卡的"退出"命令，如图 5-1 所示。

方法三：直接在窗口激活状态下按组合键 Alt + F4 退出。

5.1.2　技能 2：掌握 PowerPoint 2010 操作界面

PowerPoint 作为 Office 家族的一员，秉承了 Office 办公软件的风格，让用户在使用不同的 Office 产品时都能感到熟悉和亲切。启动 PowerPoint 2010 后，屏幕将出现如图 5-2 所示的工作界面。

图 5-1　"文件"菜单

图 5-2　PowerPoint 2010 的工作界面

1. 标题栏

标题栏显示目前正在使用的软件的名称和当前文档的名称，其右侧是常见的"最小化""最大化/还原""关闭"按钮。

2. 功能选项卡和功能区

功能选项卡和功能区位于标题栏之下，默认情况下包含 9 个选项卡，单击某个选项卡即可打开相应的功能区，如图 5-2 所示。供有"文件""开始""插入""设计""切换""动画""幻灯片放映""审阅""视图"等九个功能选项卡。功能区中包含了 PowerPoint 的所有控制功能。

（1）"文件"：对 PowerPoint 文件进行操作。如：新建、打开、保存、打印等。

（2）"开始"：对正处于使用状态的 PowerPoint 文件执行一些常用编辑操作，如：插入新幻灯片、幻灯片版式设置、字符格式化、绘图等。

（3）"插入"：在幻灯片中进行插入对象的操作，如：插入图片、表格、幻灯片编号、文本框等。

（4）"设计"：对文稿中的内容进行格式化操作，如：页面设置、改变字体、幻灯片设计、背景设置等。

（5）"切换"：设置幻灯片之间的切换方式。

（6）"动画"：为幻灯片中的对象添加动画方案。

（7）"幻灯片放映"：主要针对幻灯片放映过程进行各种处理，例如：对幻灯片进行排练计时、设置幻灯片的放映方式等。

（8）"审阅"：主要进行一些辅助操作，例如：检查拼写错误、添加批注等。

（9）"视图"：用于改变屏幕界面的分布，如：显示或隐藏工具栏、状态栏及编辑栏，改变窗口的显示比例等。

3．编辑区

编辑区是用来显示当前幻灯片的一个大视图，可以添加文本，插入图片、表格、图表，绘制图形、文本框，插入电影、声音、超级链接和动画等。

4．备注栏

用户可在备注栏添加与每张幻灯片的内容相关的备注，并且在放映演示文稿时将它们用作打印形式的参考资料，或者创建希望让观众以打印形式或在 Web 页上看到的备注。

5．大纲/幻灯片窗格

幻灯片窗格由每一张幻灯片的缩略图组成。此窗格中有两个选项卡，一个是默认的"幻灯片"选项卡，另外一个是"大纲"选项卡。当切换到"大纲"选项卡时，可以在幻灯片窗格中编辑文本信息。

6．状态栏

状态栏显示演示文稿一些相关的信息。如，总共有多少张幻灯片，当前是第几张幻灯片等。

7．视图控制区

PowerPoint 2010 中有 4 种不同的视图，包括普通视图、幻灯片浏览视图、幻灯片放映视图以及备注页视图。在视图栏中有 3 个视图（除备注页视图）的切换按钮，如图 5-3 所示，将鼠标悬停在这些按钮上，会自动出现对应的视图切换按钮名称。

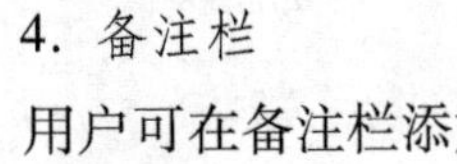

图 5-3　视图切换按钮

说明

普通视图：将普通视图、幻灯片视图、大纲和备注组合到一个窗口，形成三个窗格的结构（即大纲窗格、幻灯片窗格和备注窗格），为当前幻灯片和演示文稿提供全面的显示，如图 5-4 所示。

图 5-4　普通视图

　　幻灯片浏览视图：在此视图中，演示文稿中所有的幻灯片将以缩略图的形式被按顺序显示出来，以便一目了然地看到多张幻灯片的效果，且可以在幻灯片和幻灯片之间进行移动、复制、删除等编辑，如图 5-5 所示。该视图下无法编辑幻灯片中的各种对象。

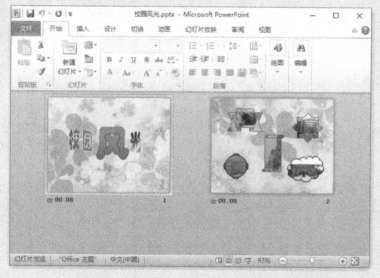

图 5-5　幻灯片浏览视图

　　幻灯片视图：使幻灯片占据整个计算机屏幕，可以看到图形、图像、影片、动画元素以及切换效果。

　　备注页视图：单击"视图"选项卡中的"备注页"命令，进入幻灯片备注视图，可以在备注栏中添加备注信息（备注是演示者对幻灯片的注释或说明），备注信息只在备注视图中显示出来，在演示文稿放映时不会出现，如图 5-6 所示。

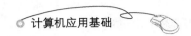

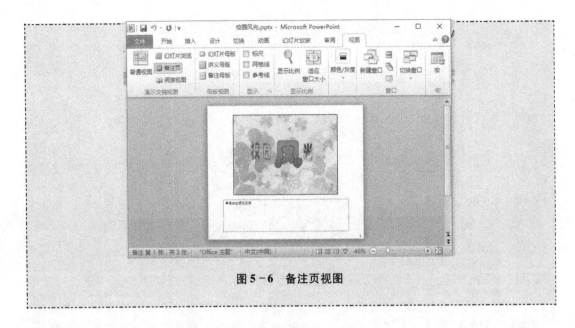

图 5-6　备注页视图

5.1.3　技能 3：PowerPoint 文件的创建、保存

利用 PowerPoint 制作的文件叫"演示文稿"，它是 PowerPoint 管理数据的文件单位，以独立的文件形式存储在磁盘上，其文件扩展名为". pptx"，而演示文稿中的每一页叫做一张幻灯片。一个演示文稿可以包括多张幻灯片，每张幻灯片都是演示文稿中既相互独立又相互联系的内容。

1. 创建演示文稿

启动 Powerpoint 后，选择"文件"选项卡中的"新建"菜单，此时在窗口右侧将打开"新建演示文稿"的任务窗格，如图 5-7 所示，提供了一系列创建演示文稿的方法，包括以下几种。

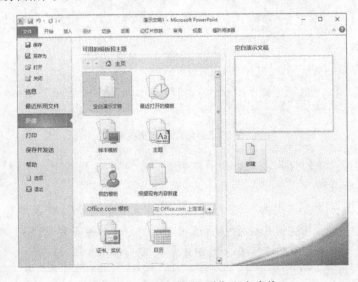

图 5-7　"新建演示文稿"任务窗格

1）空白演示文稿

空白演示文稿是一种形式最简单的演示文稿，由没有应用设计模板、配色方案以及动画方案，但带有布局格式的空白幻灯片组成，是使用最多的建立演示文稿的方式。空演示文稿留给用户的设计余地最大。用户可以在空白的幻灯片上设计出具有鲜明个性的背景色彩、配色方案、文本格式和图片等对象，创建具有个人特色的演示文稿。具体操作步骤如下。

（1）选择"文件"选项卡中的"新建"项，此时在窗口右侧将打开"新建幻灯片"任务窗格。

（2）单击"空白演示文稿"命令以后单击"创建"按钮，如图 5－8，所示程序会新建一个空白演示文稿，幻灯片默认版式为"标题幻灯片"。

图 5－8　"新建幻灯片"任务窗格

> **说明**
>
> 也可直接单击工具栏中的"新建"按钮 ▢，快速新建一个空白演示文稿。

2）利用设计模板

利用设计模板可以在已经具备设计概念的字体和颜色方案的 PowerPoint 模板的基础上创建演示文稿。除了使用 PowerPoint 提供的模板外，还可以使用自己创建的模板。操作步骤如下。

（1）启动 PowerPoint 后，打开"新建演示文稿"的任务窗格，单击"样本模板"命令；

（2）"新建演示文稿"任务窗格会自动转成"可用的模板和主题"任务窗格，如图 5－9所示，在该任务窗格的"样本模板"的列表中显示了系统自带的多种样本模板，选择一种模板样式，单击"创建"按钮即可。

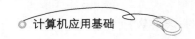
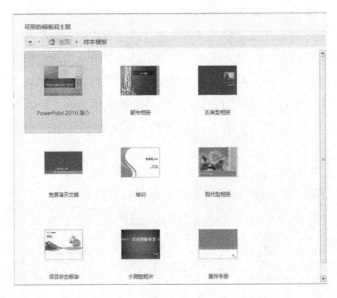

图 5 - 9　"可用的模板和主题"任务窗格

说明

在"可用的模板和主题"窗口中可执行如下操作。

（1）根据现有内容创建：在已经存在的演示文稿基础上创建、修改演示文稿。使用此命令创建现有演示文稿的副本，以对新演示文稿进行设计或内容更改。

（2）Office.com 模板：在 Microsoft Office 网站上的模板库中选择模板。这些模板是根据演示类型排列的。

---

2. 打开已有的演示文稿

下列几种方法都可以打开一个已经存在的演示文稿。

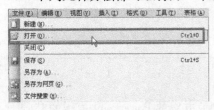

方法一：双击需要打开的演示文稿即可。

方法二：打开 PowerPoint 2010 主窗口界面，选择"文件"选项卡"打开"命令，如图 5 - 10 所示，在弹出的"打开"对话框中找到要打开的文件，单击"打开"按钮。

图 5 - 10　"打开"命令

3. 保存演示文稿

完成演示文稿的制作后，一定要将演示文稿文件保存起来。在编辑、修改演示文稿时也要养成随时保存的好习惯，以避免因断电、死机等意外事故造成的文件损失。在 PowerPoint 中可使用以下方法保存演示文稿。

1）保存新文档

当第一次保存一个新建文档时，具体操作步骤如下。

（1）单击快速访问工具栏上的"保存"按钮，或者通过功能区操作，选择"文件"

选项卡中的"保存"命令，弹出如图 5－11 所示"另存为"对话框。

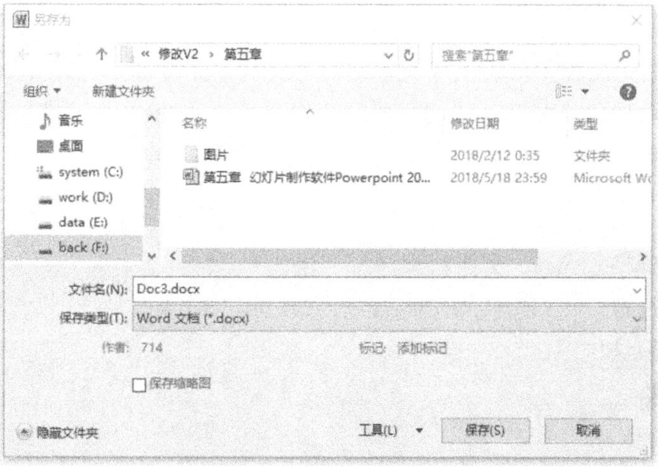

图 5－11　"另存为"对话框

（2）在"保存位置"下拉列表框中，选择文件的保存位置。

（3）在"文件名"文本框中输入待保存的文件名，在"保存类型"对话框选择要保存为的文件格式，默认为".pptx"格式。设置完毕后，单击"保存"按钮。

2）保存现有文档

文档经过上述步骤首次保存后，会在相应的磁盘位置上生成保存后的文件。在后续的文档编辑过程中，还应进行及时保存防止文件的意外丢失。可直接单击快速访问工具栏上的"保存"按钮，或者选择"文件"选项卡中的"保存"命令。此时将不会再弹出"另存为"对话框，而是直接对原文档进行覆盖保存。

3）另存文档

在文档编辑过程中或编辑完成后，如果要对现有文档建立新的副本，可对文档进行另存操作，但需对该副本进行更名存盘或改变存储目录。具体操作步骤如下。

（1）选择"文件"选项卡中的"另存为"命令，弹出如图 5－11 所示"另存为"对话框；

（2）根据具体需要重新设置文件的待保存路径，并输入新的文件名和文件类型；

（3）单击"保存"按钮，保存文件。

5.2　任务一：制作讲座用演示文稿

【任务描述】

李老师受邀请给同学们做一个大学生就业形式分析的讲座，他已拟好讲座文稿，现在需要制作一个演示文稿，以便在讲座中向同学们展示相关的文字、表格等资料。利用光盘＼教材素材＼第五章素材目录下的"大学生就业形式分析（素材）.docx"，使用

PowerPoint 2010 制作一个大学生就业形势分析讲座的演示文稿。

【任务分析】

本任务需要在幻灯片中添加文字显示讲座中的标题和讲述内容，在幻灯片中添加表格和图表配合辅助说明文字内容；使用母版可以统一每页幻灯片的风格；选用设计模板，美化幻灯片；使用超级链接对象的插入方法，链接到相关的素材。

【工作流程】

（1）导入大纲格式 Word 文档新建演示文稿。

（2）编辑幻灯片。

（3）添加组织结构图。

（4）添加表格。

（5）添加图表。

（6）使用模板。

（7）修改应用配色方案。

（8）应用母版。

（9）创建交换式文稿。

（10）为带有组织结构图的幻灯片添加动画效果。

（11）设置幻灯片的页眉和页脚。

【基本概念】

1. 占位符

"占位符"是指创建新幻灯片时出现的虚线方框，如图所示 5–12。文字、图表、表格等占位符可以添加相应的对象。幻灯片的"版式"由占位符组成，不同的占位符可以放置不同的对象，用来确定的幻灯片所包含的对象及各对象之间的位置关系。

图 5–12　占位符

2. 幻灯片模板

PowerPoint 提供两种模板：设计模板和内容模板。

设计模板包含预定义的格式和配色方案，可以应用到任意演示文稿中创建独特的外观。内容模板包含与设计模板类似的格式和配色方案，加上带有文本的幻灯片，文本中包含针对特定主题提供的建议。用户可以修改任意模板以适应需要，或在已创建的演示文稿基础上建立新模板。还可以将新模板添加到内容提示向导中以备下次使用。

应用设计模板可以美化演示文稿，使其具有统一的外观风格，是统一修饰演示文稿外观最快捷、最有力的一种手段。

3. 幻灯片母版

PowerPoint 中有一类特殊的幻灯片，叫"幻灯片母版"，专门用于幻灯片排版的整体调整，幻灯片母版控制了如字体、字号和颜色等某些文本特征，称之为"母版文本"。另外，它还控制了背景色和如阴影、项目符号样式等某些特殊效果。使用者可以根据自己的意愿统一改变整个演示文稿的外观风格，而不用逐张幻灯片修改。

【详细步骤】

1. 添加文字对象

利用现有的文字素材"大学生就业形式分析（素材）.docx"Word 文档创建文件名为"大学生就业形式分析.pptx"PowerPoint 演示文稿，操作步骤如下。

（1）启动 PowerPoint 2010。

（2）在"开始"选项卡中的"幻灯片"工具组中的"新建幻灯片"下拉菜单，选择"幻灯片（从大纲）"命令，打开"插入大纲"对话框。

（3）在"插入大纲"对话框中，选择所需要的文字素材"大学生就业形式分析（素材）.docx"Word 文档，单击"插入"按钮，将 Word 大纲导入到 PowerPoint 中，如图5-13所示；

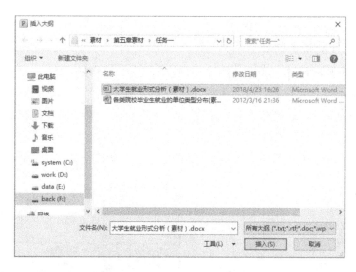

图 5-13　"插入大纲"对话框

2. 编辑幻灯片

直接由 Word 大纲创建的演示文稿并不能一步到位的取得令人满意的效果，需要进行修改加工，删除不必要的对象，对幻灯片做出适当的调整。

1）删除不需要的幻灯片

删除掉第 1 张空白幻灯片和第 3 张幻灯片，操作步骤如下。

（1）单击 PowerPoint 窗口左下角的视图切换按钮，单击"普通视图"按钮，选择"幻灯片"选项卡，幻灯片会以缩略图的形式呈现在演示文稿的左侧区域中，如图 5-14 所示。

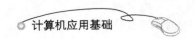
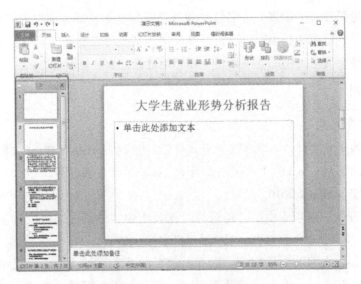

图 5 - 14　幻灯片缩略图

（2）按住 Ctrl 键，逐个点击需要被删除的幻灯片，单击鼠标右键，在弹出的快捷菜单中选择"删除幻灯片"命令，如图 5 - 15 所示，将灯片删除。

2）修改幻灯片的版式

将第 1 张幻灯片修改为"标题幻灯片"版式，操作步骤如下。

（1）在 PowerPoint "普通视图"中单击选中第 1 张幻灯片的缩略图。

（2）在"开始"选项卡中的"幻灯片"工具组中的"版式"下拉菜单，打开"幻灯片版式"列表。

（3）在"office 主题"列表中选择"标题幻灯片"版式，如图 5 - 16 所示。

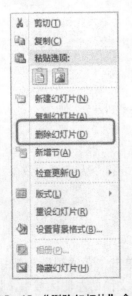

图 5 - 15　"删除幻灯片"命令　　　　　图 5 - 16　"标题幻灯片"版式

（4）选中副标题占位符，输入文字"主讲：XXX"，效果如图 5-17 所示，保存演示文稿。

3．添加组织结构图

在介绍某单位或部门的结构关系或层次关系时，经常要采用一类形象地表达结构、层次关系的图形，该类图形称为组织结构图。通常组织结构图由一系列图框和连线组成。参照图 5-18 所示，制作含有组织结构图的幻灯片。

图 5-17　标题幻灯片

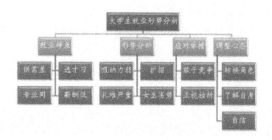

图 5-18　含有组织结构图的幻灯片

图 5-19　"仅标题"版式

单击"确定"按钮。

1）插入组织结构图

在第 1 张标题幻灯片后插中新的空白幻灯片，并制作组织结构图，操作步骤如下。

（1）切换到"普通视图"→"幻灯片"缩略图浏览视图，将插入点置于第 1 张幻灯片和第 2 张幻灯片缩略图之间。

（2）选择"开始"选项卡→"幻灯片"工具组，打开"新建幻灯片"下拉菜单。

（3）在"应用幻灯片版式"列表中的"其他版式"区域选择"仅标题"版式，如图 5-19 所示，插入一张"仅标题"版式新幻灯片。

（4）在标题占位符中添加文字"大学生就业形势分析报告"，如图 5-20 所示。

（5）在"插入"选项卡→"插图"工具组中单击"SmartArt"按钮，打开"选择 SmartArt 图形"对话框，选择"层次结构"菜单的"组织结构图"，如图 5-21 所示，

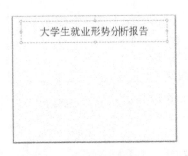

图 5-20 添加标题后的幻灯片

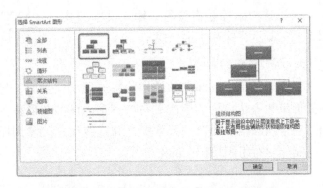

图 5-21 "选择 SmartArt 图形"对话框

（6）在幻灯片上添加了默认的组织结构图，如图 5-22 所示，同时还打开了"SmartArt 工具"组，如图 5-23 所示，根据实际组织结构，填写该幻灯片中的结构。

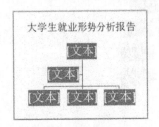

图 5-22 添加默认组织
结构图的幻灯片

图 5-23 "SmartArt 工具"组

图 5-24 修改后的组织结构图

（7）选中第二层的形状，单击键盘上的"Delete"按键，将其删除，删除图形后组织结构图如图 5-24 所示。

（8）单击组织结构图的第一层形状，在其中输入"大学生就业形势分析"，并选中第二层中的一个形状，选择"SmartArt 工具"组→"设计"选项卡上的"添加形状"按钮 添加形状 旁的下拉箭头，在下拉菜单中选中"在后面添加形状"，如图 5-25 所示，在第二层中添加一个形状，参照图 5-18 在第二层的形状中添加相应的文本。

（9）选中写有"就业特点"文本的形状，选择"SmartArt 工具"组→"设计"选项卡上的"添加形状"按钮 添加形状 旁的下拉箭头，在下拉菜单中选中"在下方添加形状"，为其添加第三层的形状。

（10）参照图 5-18，依次为该组织结构图逐级添加下属形状，并填写文字，效果如图 5-26 所示。

2）修饰组织结构图

参照图 5-18，对组织结构图进行修饰，操作步骤如下。

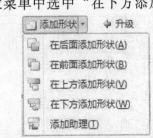

图 5-25 "添加形状"下拉菜单

大学生就业形势分析报告

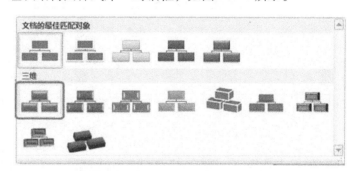

图 5 - 26　默认格式的组织结构图

（1）修改形状的版式。选中"就业特点"所在的形状，选择"SmartArt 工具"组→"设计"选项卡上的"布局"按钮 品 布局 右边的下拉箭头，在下拉菜单中选中"两者"，如图5 -27 所示。

（2）参照图 5 - 18 对其他形状重新布局。

（3）更改组织结构图的样式。

①单击选择"组织结构图占位符"，选择"SmartArt 工具"组→"设计"选项卡上的"SmartArt 样式"窗格，打开"组织结构图样式库"对话框，如图 5 - 28 所示。

图 5 - 27　"布局"下拉菜单　　　　**图 5 - 28　"组织结构图样式库"对话框**

②在"三维"列表框中选择"优雅"样式。

③选择"SmartArt 工具"组→"设计"选项卡上的"SmartArt 样式"窗格，单击更改颜色按钮 ，在下拉菜单中选择"彩色范围 - 强调文字颜色 5 至 6"。

3）修改文字字体

（1）单击选择"组织结构图占位符"，在"开始"选项卡→"字体"工具组上选择字体下拉菜单，字体设置为"楷体_ GB2312"。

（2）部分文本超出形状，需要调整形状大小。单击选中需要被调整的形状，适当调整该形状大小，可容纳下文本即可。

4）保存演示文稿。

此操作步骤略。

4．添加表格

表格可以直观、简明的表现数据，PowerPoint 2010 可以方便地制作含有表格的幻灯片。

1）绘制表格

参照图 5-29 所示，制作含有表格的幻灯片，操作步骤如下。

就业区域分布情况

区域经济体	包括	XXXX届大学毕业生毕业半年后就业率	XXXX届本科毕业生毕业半年后就业率（榜首）	XXXX届高职高专毕业半年后就业率（榜首）
泛长江三角洲	上海、江苏、浙江、江西、安徽	88.7%	90.4%	
陕甘宁青	陕西、甘肃、宁夏、青海	88.5%		88.1%
泛珠江三角洲	广东、广西、福建、海南	88.0%		
西南	重庆、四川、贵州、云南	86.4%		
中原	河南、湖北、湖南	86.3%		
泛渤海海	北京、天津、山东、河北、内蒙古、山西	85.0%		
泛东北	黑龙江、吉林、辽宁	79.5%		

图 5-29　表格幻灯片

（1）新建一个文件名为"图表．pptx"的演示文稿。

（2）选择"开始"选项卡→"幻灯片"工具组，打开"新建幻灯片"下拉菜单。

（3）在"应用幻灯片版式"列表中的"其他版式"区域选择"标题和内容"版式，如图 5-30 所示，插入一张"标题和内容"版式新幻灯片。

（4）在标题占位符中添加文字"就业区域分布情况"。

（5）单击文本占位符中的"插入表格"按钮，如图 5-31 所示，打开"插入表格"对话框，如图 5-32 所示，输入所需的行数和列数，单击"确定"按钮，创建一个 8 行 5 列的表格，同时出现"表格工具"组，如图 5-33 所示。

图 5-30　"标题和内容"版式

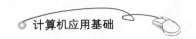

图 5-31　内容占位符

图 5-32　"插入表格"对话框　　　　　　图 5-33　"表格工具"组

（6）参照图 5-29 所示在单元格中输入数据，并适当调整行高和列宽。

（7）选定表格第一行，在"表格工具"组→"设计"选项卡上单击"表格样式"工具组的"底纹"按钮 右边的下拉箭头，在弹出的菜单中选择颜色"水绿色，强调文字颜色 5，淡色 60%"。

（8）选中整个表格，在"表格和边框"工具栏上单击"垂直居中"按钮，再单击常用菜单栏上的"居中"按钮，使文本在单元格的中部居中。

（9）保存演示文稿。

2）将 Word 表格导入到幻灯片中

如图 5-34 所示的样例，使用"各类院校毕业生就业的单位类型分布（素材）.docx"Word 文档提供的表格，制作含有表格的幻灯片，操作步骤如下。

各类院校毕业生就业的单位类型分布

	国有企业	民营企业/个体	中外合资/独资	政府机构/科研事业	非政府/非营利单位	合计
211 院校	34%	35%	15%	14%	2%	100%
非 211 院校	22%	47%	14%	14%	3%	100%
高职高专	16%	62%	14%	6%	2%	100%

图 5-34　幻灯片中插入 Word 表格

（1）插入一张"仅标题"版式新幻灯片，操作步骤略。

（2）在标题占位符中添加文字"各类院校毕业生就业的单位类型分布"，并适当调整字体大小。

（3）在"插入"选项卡→"文本"工具组中选择"对象"命令，打开"插入对象"对话框，如图 5-35 所示。

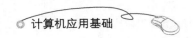
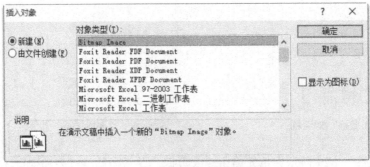

图 5 - 35 "插入对象"对话框

（4）选中"由文件创建"选项，单击"浏览"按钮，选择需要插入的"各类院校毕业生就业的单位类型分布（素材）.docx"文件，再选中"链接"复选框，如图 5 - 36 所示，单击"确定"按钮。

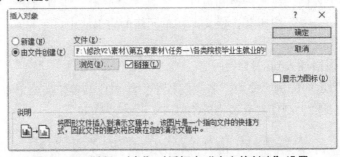

图 5 - 36 "插入对象"对话框中"由文件创建"设置

（5）适当调整表格的大小和位置，如要对表格内容及格式进行编辑，在幻灯片上双击表格，即可启动 Word 对表格进行编辑。

5．添加图表

图表可以使幻灯片中的数据效果更加清晰，比文字数据更加形象直观。可以将 Excel 2010 中制作好的统计图表直接通过复制和粘贴应用到幻灯片中。对于一些小型的统计图，还可以直接在 PowerPoint 2010 中进行输入。

如图 5 - 37 所示，在上述操作的表格幻灯片后制作含有图表的幻灯片，操作步骤如下。

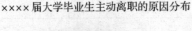

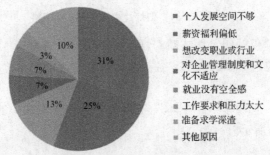

图 5 - 37 含有图表的幻灯片

（1）插入一张"标题和内容"版式新幻灯片，操作步骤略。

（2）在标题占位符中添加文字"××××届大学毕业生主动离职的原因分布"，并适当调整字体大小。

（3）在文本占位符中单击"插入图表"按钮 📊，打开"插入图表"对话框，选择"饼图"菜单中的饼图，如图 5-38 所示。

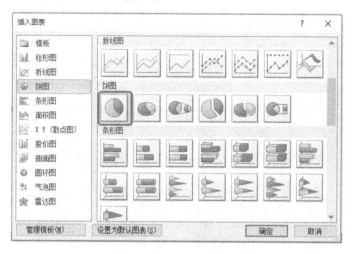

图 5-38　"插入图表"对话框

在预留区中会出现一个样本图表和一个数据表窗口，同时出现"图表工具"组，如图 5-39 所示。

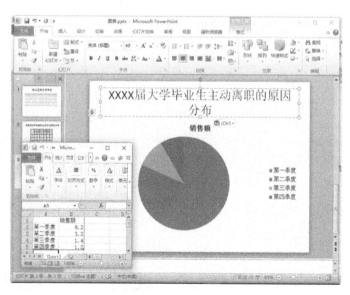

图 5-39　图表样例

（4）利用在 Excel 中介绍的方法，首先将数据表中的数据全部删除，然后从素材"××××届大学毕业生主动离职的原因分布（素材）.xlsx"中，将对应的表格复制到图表数据表 A2：B9 区域中，图表将随着数据表同步变化，如图 5-40 所示。

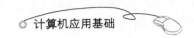

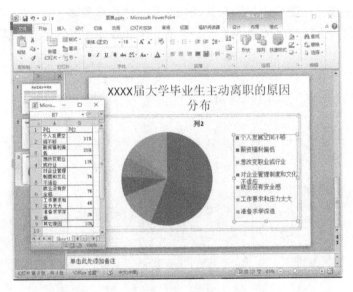

图 5-40　图表编辑状态

（5）图表数据表 B1 单元格内文字即为幻灯片图表标题。删除图表标题"列2"，适当调整图利区文本框大小，使所有图例都显示出来。

图 5-41　"数据标签"下拉菜单

（6）在"图表工具"组→"布局"选项卡的"标签"工具组上，单击"数据标签"命令按钮的下拉箭头，选择"居中"菜单，如图 5-41 所示，使各系列百分比显示出来，图表效果如图 5-37 所示。

（7）保存演示文稿。

6．使用设计主题

1）设计主题应用于所有幻灯片

将"聚合"设计主题应用于"大学生就业形式分析.pptx"演示文稿的所有幻灯片，操作步骤如下。

（1）选择"设计"选项卡→"主题"工具组，如图 5-42 所示，打开"所有主题"列表窗格。

（2）在"内置"主题列表框中，浏览查找"聚合"设计主题。

图 5-42　"主题"工具组

（3）单击"聚合"设计主题，如图 5-43 所示，所有的幻灯片均应用了该设计主题，如图 5－44 所示。

图 5－43　选择"聚合"设计主题

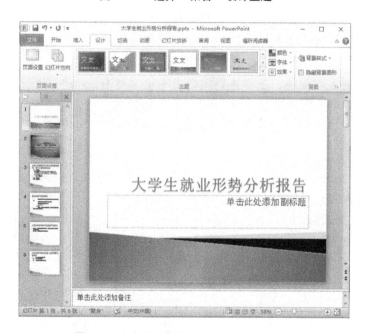

图 5－44　应用"聚合"设计主题的幻灯片

2）设计主题应用于部分幻灯片

将"角度"设计主题应用于第 5 张和第 6 张 2 张幻灯片，操作步骤如下。

（1）同时选中 2 张幻灯片。

（2）打开"所有主题"列表窗格。

（3）在"内置"主题列表框中，浏览查找"角度"设计主题。

（4）单击"角度"设计主题，则被选中的幻灯片均应用了该设计主题。

3）设计主题应用于单张幻灯片

将"市镇"设计主题应用于第2张幻灯片，操作步骤如下。

（1）选中第2张幻灯片。

（2）打开"所有主题"列表窗格。

（3）在"内置"主题列表框中，浏览查找"市镇"设计主题。

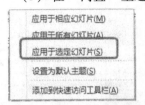

图5-45 "设计主题"菜单

（4）在该主题上单击鼠标右键，在弹出的菜单中选择"应用于选定幻灯片"，如图5-45所示，则被选中的幻灯片应用了该设计主题。

（5）保存演示文稿。

7．修改应用主题颜色

PowerPoint内置主题颜色可以方便快捷地修改设计主题的色彩搭配。

将一种主题颜色应用于幻灯片，操作步骤如下。

（1）选中标题为"就业形势严峻的原因"的幻灯片。

（2）在"设计"选项卡→"主题"工具组上选择"颜色"按钮，打开"主题颜色"下拉菜单，在该菜单列表中显示出当前设计主题使用的默认主题颜色和可以选用的主题颜色，如图5-46所示。

（3）选择一种主题颜色，在该主题颜色上单击鼠标右键，在弹出的菜单中选择"应用于所选幻灯片"，则被选中的幻灯片均应用了该主题颜色，背景、标题、文本等颜色均发生变化。

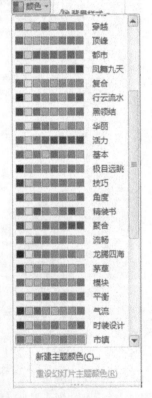

图5-46 "主题颜色"下拉菜单

8．应用母版

将校徽图标添加到所有幻灯片中，并统一设置幻灯片的标题样式，操作步骤如下。

（1）任选一张基于"聚合"设计主题的幻灯片。

（2）选择"视图"选项卡→"母版视图"工具组→"幻灯片母版"命令，打开"幻灯片母版"选项卡，如图5-47所示，进入幻灯片母版编辑状态。演示文稿中已经应用了3个设计模板，窗口左侧按模板的先后应用次序出现了3组幻灯片母版，如图5-48所示，当前幻灯片区域显示的母版是基于"聚合"主题的幻灯片母版。

图5-47 "幻灯片母版"选项卡

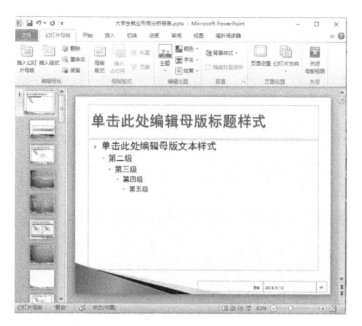

图 5-48　母版视图

（3）母版是一种特殊的幻灯片，其设置方法与普通幻灯片一样。在"聚合幻灯片母版"上选中"母版标题样式"占位符，设置母版标题样式为"华文新魏"。

（4）选择素材校徽图片"校徽.jpg"，将其拖放到幻灯片母版右下角。

（5）在"幻灯片母版"选项卡中单击"关闭母版视图"按钮，返回到"普通视图"。经此操作之后，应用了"聚合"设计主题的所有幻灯片均添加了校徽图片，且其对应的标题样式也发生了改变，但是，应用了其他模板的幻灯片没有改变，需通过同样的操作方法对其他幻灯片做统一修改，操作步骤略。

9．创建交换式文稿

在制作演示文稿时，有时要实现一种交互选择，以达到所期望的放映节奏和放映次序。创建交互式演示文搞的方法包括超链接、动作设置和动作按钮的使用等。

为"就业形势严峻的原因"此幻灯片里的文本添加超链接，操作步骤如下。

（1）在"就业形势严峻的原因"幻灯片中，选中文本"首先是社会对高校毕业生的吸纳能力有所减弱"。

（2）选择"插入"选项卡→"链接"工具组的"超链接"命令按钮，打开"插入超链接"对话框，如图 5-49 所示。

（3）在对话框的"查找范围"下拉菜单条中选择"图表.pptx"的路径，选中"图表.pptx"。

（4）单击"书签"按钮，打开"在文档中选择位置"对话框，此时显示出"图表.pptx"演示文稿的各幻灯片标题列表，如图 5-50 所示。

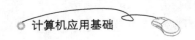

图 5-49 "插入超链接"对话框

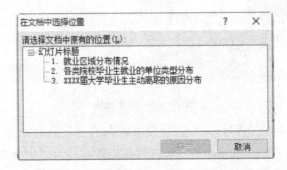

图 5-50 "在文档中选择位置"对话框

（5）选择"3.××××届大学毕业生主动离职的原因分布"这张图表幻灯片，单击确定按钮。这时"首先是社会对高校毕业生的吸纳能力有所减弱"文本下多了一条下划线，且文本颜色发生了改变，表示此文本具有超链接功能。

（6）按 F5 键观看放映效果，当鼠标划过带有下划线的文本时会变为手形，单击该文本，幻灯片就跳转到"图表.pptx"演示文稿的"3.××××届大学毕业生主动离职的原因分布"幻灯片。

（7）用同样的方法为文本"就业单位扎堆"创建超链接，跳转到"图表.pptx"演示文稿的"2.各类院校毕业生就业的单位类型分布"幻灯片；为文本"地区扎堆"创建超链接，跳转到"图表.pptx"演示文稿的"1.就业区域分布情况"幻灯片。

（8）保存演示文稿。

10. 为带有组织结构图的幻灯片添加动画效果

根据幻灯片的特点安排适当的动画效果，可以增强演示文稿的播放效果，吸引观众的注意力，使演示文稿的表现力加强，更生动、更有感染力。

为演示文稿的第 2 张幻灯片设置动画效果，操作步骤如下。

（1）选中"大学生就业形式分析.pptx"演示文稿的第 2 张幻灯片。

（2）选中该幻灯片中的组织结构图占位符。

（3）在菜单栏中选择"动画"选项卡→"动画"工具组，如图 5 - 51 所示，单击"自定义动画"任务窗格下拉箭头，打开"自定义动画"菜单，如图 5 - 52 所示。

图 5 - 51 "动画"选项卡

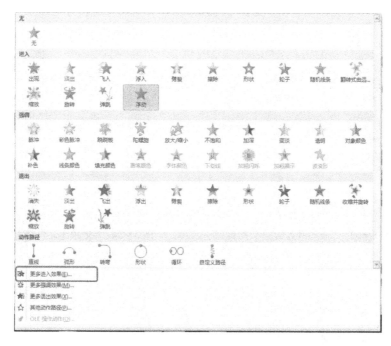

图 5 - 52 "自定义动画"菜单

（4）单击"更多进入效果"命令，如图 5 - 52 标记所示；打开"添加进入效果"对话框，如图 5 - 53 所示，在"华丽型"栏目中选择"浮动"，单击"确定"按钮。

（5）选中已添加动画效果的组织结构图，单击"动画"工具组上的"效果选项"命令按钮，打开"序列"下拉列表，选择"一次级别"菜单，如图 5 - 54 所示。

（6）保存演示文稿。

11. 设置幻灯片的页眉和页脚

使用页眉和页脚为幻灯片添加编号和日期，操作步骤如下。

（1）选择"插入"选项卡→"文本"工具组的"页眉和页脚"命令按钮，打开"页眉和页脚"对话框，参照图 5 - 55 对"页眉和页脚"对话框进行设置，在"幻灯片"选项卡中勾选"日期和时间"复选框，选择"自动更新"单选按钮并设置日期，选中"幻灯片编号"和"标题幻灯片中不显示"复选框，勾选"页脚"复选框并在文本框内输入文字"武汉软件工程职业学院"。

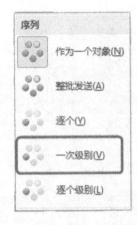

图 5-53 "添加进入效果"对话框　　　　　**图 5-54 "效果选项"下拉菜单**

> **说明**
>
> 　　选择"自动更新"单选按钮可以使幻灯片页脚显示的时间与计算机系统时钟显示的时间保持一致。如果选择"固定"单选按钮，并在文本框中输入时间，则演示文稿显示的是用户输入的固定时间。

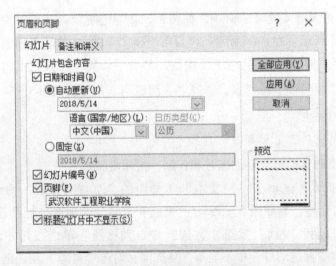

图 5-55 "页眉和页脚"对话框

（2）单击"全部应用"按钮，关闭"页眉和页脚"对话框。

（3）保存演示文稿，播放幻灯片观看演示效果。

使用以下方法可以观看幻灯片演示效果。

（1）选择"幻灯片放映"选项卡→"开始放映幻灯片"工具组上的"从头开始"命令按钮 。

（2）单击 PowerPoint 窗口左下角的"幻灯片放映"按钮 。

（3）按快捷键 F5 键。

5.3　任务二：制作电子相册

【任务描述】

小明同学喜爱摄影，拍摄了许多美好的校园风景照片，想制作一个精美的电子影集播放给同学们欣赏。利用光盘＼教材素材＼第五章素材目录下的图片素材，使用 PowerPoint 2010 制作一个校园风光展示的演示文稿。

【任务分析】

本工作任务要求掌握幻灯片的制作方法：图片、艺术字对象的插入及格式化方法。掌握幻灯片背景设置、幻灯片动画效果的设置、幻灯片放映效果的设置及放映方式等，了解其他菜单的使用方法。演示文稿效果如图 5－56 所示。

本任务可以使用艺术字、装饰图片、幻灯片背景、动画效果设置等方法实现。

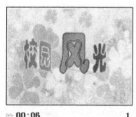  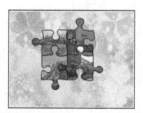

图 5－56　"校园风光.pptx"演示文稿

【工作流程】

（1）设置片头艺术字。

（2）添加并修饰图片。

（3）设置幻灯片背景。

（4）添加音视频。

（5）添加动画效果。

（6）幻灯片切换。

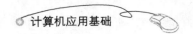

（7）设置排练计时。

（8）演示文稿的打包。

（9）打印演示文稿。

【基本概念】

1. 幻灯片切换

在演示文稿放映过程中由一张幻灯片进入另一张幻灯片就是幻灯片之间的切换，为了使幻灯片更具有趣味性，在幻灯片切换时可以使用不同的技巧和效果。

2. 排练计时

如果希望随着幻灯片的放映，同时讲解幻灯片中的内容，就不能用人工设定的时间，因为人工设定的时间不能精确判断一幅幻灯片所需的具体时间。如果使用排练功能就可解决这个问题，在排练放映时自动记录使用时间，便可精确设定放映时间，设置完后就能直接进入幻灯片放映状态，不管事先是何种状态，此时都从第一张开始放映，而且把整个幻灯片全部放映一遍。

【详细步骤】

1. 设置片头艺术字

新建"校园风光.pptx"的演示文稿，并制作整个演示文稿的第一页——封面片头页幻灯片，要求用艺术字做标题。操作步骤如下。

（1）新建"校园风光.pptx"的演示文稿，并将第 1 张幻灯片的版式由默认的"标题幻灯片"版式更改为"空白"版式。

（2）选择"插入"选项卡→"文本"工具组的"艺术字"命令按钮，打开"艺术字库"列表，选择第 4 行第 4 列的艺术字效果，在第一张幻灯片中插入"艺术字"占位符，如图 5-57。

（3）在"艺术字"占位符中输入文本"校园　光"（在"园"字和"光"字之间适当添加空格），在"开始"选项卡→"字体"工具组中设置艺术字字体为"华文琥珀""加粗"，如图 5-58 所示，插入艺术字并同时出现"绘图工具""格式"选项卡。

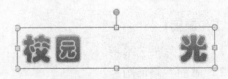

图 5-57　"艺术字"占位符　　　　　　图 5-58　编辑"艺术字"文字

（4）在"绘图工具""格式"选项卡→"艺术字样式"工具组选择"文本效果"命令按钮，在打开的菜单中选择"转换"→"弯曲"栏目下第 5 行第 3 列的"双波形 1"，如图 5-59 所示，更改艺术字形状为"双波形 1"，调整大小，效果如图 5-60

所示。

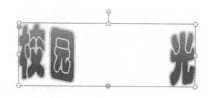

图 5 - 59 "转换"菜单栏　　　　　　图 5 - 60 "艺术字"效果一

5) 插入第二个艺术字"风",字体为"华文琥珀""加粗"。选择第 1 行第 1 列的艺术字效果,设置字体"华文琥珀""加粗",并将其适当调整,设置成比第一个艺术字稍大的效果,置于"园"字与"光"字之间,效果如图 5 - 61 所示。

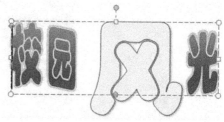

(6) 选中第二个艺术字"风"字,在"绘图工具""格式"选项卡→"艺术字样式"工具组上单击"设置文本效果格式"对话框启动按钮 □,

图 5 - 61 "艺术字"效果二

打开"设置文本效果格式"对话框,选择"文本填充"菜单,如图 5 - 62 所示。

(7) 在"文本填充"区域选择"渐变填充"复选框,在出现的"预设颜色"下拉列表框中,选择"碧海青天",如图 5 - 63 所示。

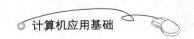

图 5 – 62 "设置文本效果格式"对话框

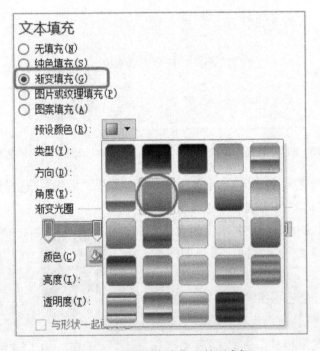

图 5 – 63 "预设颜色"下拉列表框

（8）在"类型"下拉列表框中选择"线性"，"方向"下拉列表框中选择"线性向下"，如图 5 – 64 所示，单击"确定按钮"。

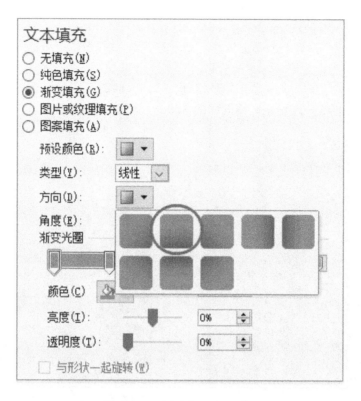

图 5 - 64　"方向"下拉列表框

（9）将艺术字"校园　光"文本填充设置为"渐变填充"预设颜色"彩虹出岫"，类型为"射线"，方向为"从右上角"，操作步骤略。

（10）封面艺术字效果如图 5 - 65 所示。

2. 添加并修饰图片

封面艺术字设置完毕后，将制作电子相册中的照片幻灯片。为了增强照片的美观效果，需对照片的外形、色彩及角度进行调整，而不是直接插入图片的简单操作。

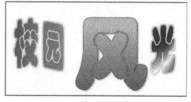

图 5 - 65　"艺术字"效果三

1）绘制自选图形

在第 1 张幻灯片之后新建一张幻灯片，并将其版式更改为"空白"版式（操作步骤略），并在新幻灯片上绘制多个自选图形，如图 5 - 66 所示，操作步骤如下。

（1）选择"插入"选项卡→"插图"工具组→"形状"命令按钮，在弹出的菜单条中选择"星与旗帜"→"上凸带形"，如图 5 - 67 所示。

图 5 - 66　在新幻灯片上绘制多个自选图形

（2）鼠标变成十字形十后，在空白幻灯片上拖曳鼠标，绘制自选图形。同样的方法，

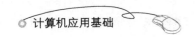

可以绘制"八角星形""竖卷形"等自选图形。

（3）选择"插入"选项卡→"图像"工具组→"剪贴画"命令按钮，打开右侧的"剪贴画"窗格。

（4）在"搜索文字"文本框中输入文字"云"，单击"搜索"按钮，在图形列表栏中选择"云"，如图 5 - 68 所示。用同样的方法添加"圆桌"等图形。

图 5 - 67　"形状"菜单栏

图 5 - 68　"剪贴画"窗格

2）填充照片

利用插入的自选图形对照片外形进行裁剪，即将照片填充至自选图形中，操作步骤如下。

（1）选择"云"自选图形，单击鼠标右键，在弹出的快捷菜单中选择"设置图片格式"命令，如图 5 - 69 所示，打开"设置图片格式"对话框。

图 5 - 69 "设置图形格式"对话框

（2）选择"填充"菜单，在"填充"区域选择"图片或纹理填充"单选按钮。

（3）选择"插入自：" "文件"按钮，如图 5 - 70 所示，打开"插入图片"对话框，选择素材中的"综合楼.jpg"图片，并选择"与形状一起旋转"复选框，单击"关闭"按钮。

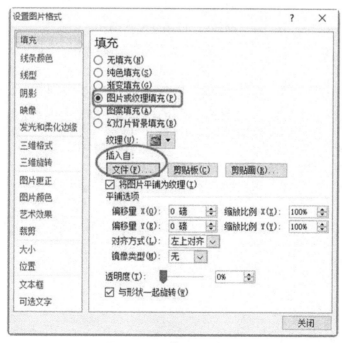

图 5 - 70 "填充"对话框

（4）可见"综合楼.jpg"图片已作为"云"自选图形的"颜色"填充其中了，填充效果如图 5 - 71 所示。

（5）使用同样的方法，将素材中的其他图片填充到各自选图形中，效果如图 5 - 72 所示。

图 5 - 71 "云"图形的填充效果

图 5 - 72 自选图形的填充效果

3）设置自选图形的阴影样式

从"剪贴画"窗格插入的图形"云"和"桌子"本身带有阴影样式效果，为了使幻灯片的图片具有统一效果，需为其他图形添加"阴影样式"。

为图中无阴影样式的自选图形添加"阴影样式"，并适当调整所有自选图形的阴影样式，操作步骤如下。

（1）按住 Shift 键，单击鼠标左键选择需要设置阴影样式的自选图形，功能区出现"绘图工具"和"图片工具"。

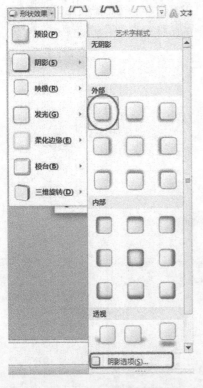

（2）在"绘图工具""格式"选项卡→"形状样式"工具组单击"形状效果"命令按钮 ，在展开的菜单中选择"阴影"→"外部"栏目中的"右下斜偏移"，如图 5 - 73 所示。

（3）选中所有自选图形，选择"阴影"→"阴影选项"命令，如图 5 - 73 所示，打开"设置图片格式—阴影"对话框，根据需要对阴影的"透明度""大小""角度"和"距离"等作适当设置，如图 5 - 74 所示。

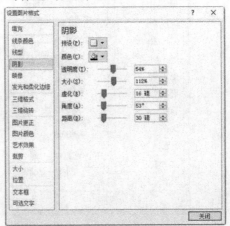

图 5 - 73 "阴影"菜单

图 5 - 74 "设置图片格式—阴影"对话框

3. 设置幻灯片背景

参照图 5-56 将所有的照片添加到幻灯片中，现在可以为幻灯片设置具有个性色彩的图片作为背景。

将"背景 1. jpg"设置为片头标题幻灯片的背景，操作步骤如下。

（1）选中第 1 张幻灯片，在空白处单击鼠标右键，在弹出的快捷菜单中选择"设置背景格式"命令，如图 5-75 所示。

（2）打开"设置背景格式"对话框，在"填充"区域选择"图片或纹理填充"单选按钮，选择"插入自:""文件"按钮，打开"插入图片"对话框，如图 5-76 所示。

（3）选择素材中的"背景 1. jpg"图片，单击"关闭"按钮，完成对片头标题幻灯片的背景设置。

将"背景 2. jpg"设置为其他幻灯片的背景，操作步骤略，而后对演示文稿进行保存。

图 5-75　在快捷菜单中选择"设置背景格式"命令　　　**图 5-76　"设置背景格式"对话框**

4. 添加背景音乐

PowerPoint 2010 支持多种格式的音频文件，包括常见的 MP3、MID、WAV 和 WMA 等，添加背景音乐可以增强演示文稿的观看效果。

为演示文稿添加背景音乐，具体操作步骤如下。

（1）选择"校园风光. pptx"演示文稿的第 1 张幻灯片。

（2）单击"插入"选项卡→"媒体"工具组的"音频"命令按钮，在该按钮的下拉菜单中选择"文件中的音频"命令，如图 5-77 所示，打开"插入音频"对话框。

（3）选中素材中需要播放的"music. wma"音频文件，单击"确定"按钮，插入音频幻灯片中出现一个喇叭图标和相应的工具栏，如图 5-78 所示。

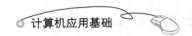

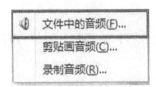

图 5-77 "音频"菜单

图 5-78 插入音频

4）选中该图标，功能区出现"音频工具"组，在"播放"选项卡→"音频选项"工具组选中"循环播放，直到停止"复选框和"放映时隐藏"复选框，如图 5-79 所示，这样幻灯片播放时声音图标将被隐藏。

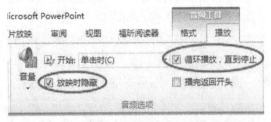

图 5-79 "音频选项"工具组

5. 添加"自定义动画"设置动画效果

根据幻灯片的特点安排适当的动画效果，可以增强演示文稿的播放效果，吸引观众的注意力，使演示文稿表现力加强，更生动、更有感染力。使用"动画方案"虽直观快速，但效果却有限，如果需要设计更多的动画效果还要利用"自定义动画"来实现。自定义动画可以同时设置多个对象的动画和声音效果，还能调整各对象在放映时的顺序、时间和出现速度、轨迹等。

1）添加动画效果

利用"自定义动画"命令为"校园风光.pptx"的封面标题幻灯片艺术字"风"字设置动画效果，操作步骤如下。

（1）选中"校园风光.pptx"演示文稿的第 1 张幻灯片中的"风"字。

（2）在菜单栏中选择"动画"选项卡→"动画"工具组，单击"自定义动画"任务窗格下拉列表，打开"自定义动画"菜单。

（3）单击"更多进入效果"命令，打开"添加进入效果"对话框，在"华丽型"栏目中选择"螺旋飞入"，单击"确定"按钮。

（4）单击"显示其他效果选项"对话框启动按钮 ，打开"螺旋飞入"对话框，选择"计时"选项卡，在"期间"下拉菜单条选择"中速"，如图 5-80 所示。

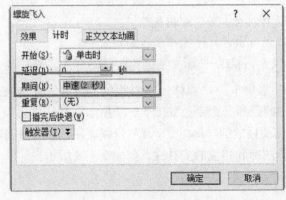

图 5-80 动画速度设置

（5）选择"效果"选项卡，在"声音"下拉列表中为艺术字"风"添加"风铃"声音，如图 5 - 81 所示。

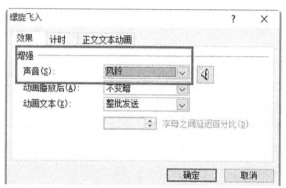

图 5 - 81　"效果"选项卡

（6）单击"格式"选项卡上的"预览"按钮 ![预览] 预览动画效果，如不满意可在动画列表项中选择对应的动画选项，重新设置合适的动画效果。

2）设置动画的动作路径

为封面标题幻灯片艺术字"风"字设置运动轨迹，操作步骤如下。

（1）选中"校园风光 . pptx"演示文稿的第 1 张幻灯片中的"风"字。

（2）在菜单栏中选择"动画"选项卡→"动画"工具组，单击"自定义动画"任务窗格下拉列表，打开"自定义动画"菜单。

（3）选择"动作路径"→"自定义路径"命令，如图 5 - 82 所示，此时鼠标指针变成笔形 ![笔形]，可在幻灯片中绘制随意曲线，即所选对象的动作路径，如图 5 - 83 所示。

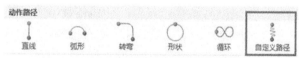

图 5 - 82　"动作路径"栏目

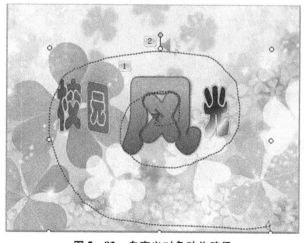

图 5 - 83　自定义对象动作路径

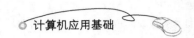

（4）单击"播放"按钮预览动画效果。其他幻灯片对象均可设置自定义动画效果和动作路径，操作步骤略。

（5）保存演示文稿。

6．幻灯片切换

幻灯片切换效果是指在幻灯片的放映过程中两张幻灯片之间的过渡方式，播放完的幻灯片将如何消失，下一张幻灯片如何显示，都可以在幻灯片之间设置切换效果。

设置幻灯片的切换效果，操作步骤如下。

（1）选择第1张幻灯片。

（2）在菜单栏中选择"幻灯片放映"→"幻灯片切换"命令，如图5－84所示，打开"幻灯片切换"任务窗格。

（3）在切换效果列表中，选择华丽型栏目下的"涟漪"切换效果，如图5－85所示。

图5－84 "幻灯片切换"命令

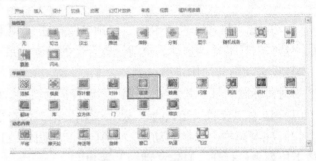

图5－85 切换效果列表

图5－86 "效果选项"菜单

（4）单击"效果选项"命令按钮，在展开的列表菜单中选择"从右下部"，如图5－86所示。

（5）单击"预览"按钮预览切换效果。用同样的方法为其他幻灯片设置切换效果，操作步骤略。

7．设置排练计时

在某些特殊场合下，需要幻灯片自动播放，以及完全自动进行对象浏览。实现幻灯片循环自动播放需设置演示文稿的放映排练时间和演示文稿的放映方式两个步骤。

1）排练计时

为"校园风光．pptx"演示文稿设置放映排练时间，操作步骤如下。

（1）选择"幻灯片放映"选项卡→"设置"工具组的"排练计时"命令按钮，系统自动从第1张幻灯片开始放映。此时在幻灯片左上角出现"录制"对话框，如图5－87所示。在对话框中自动显示当前幻灯片的停留时间。

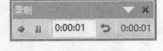

图5－87 "录制"对话框

（2）按下 Enter 键，或用鼠标单击来控制每张幻灯片的放映速度，可以边试着演讲边进行计时。

（3）当放映完最后一张幻灯片时，系统会自动弹出一个对话框，如图 5 - 88 所示，给出幻灯片放映共需要的时间，并询问"是否保留新的幻灯片排练时间？"，单击"是"按钮，此时在幻灯片浏览视图下，可以看到每张幻灯片的下方自动显示放映该幻灯片所需的时间；如果单击"否"按钮，则将放弃这次的时间设置。

图 5 - 88　排练计时保存对话框

（4）单击"保存"按钮，保存演示文稿。

至此已完成了排练计时操作，但还不能自动循环放映幻灯片，必须进一步设置放映方式。

2）设置放映方式

为"校园风光.pptx"演示文稿设置放映方式，操作步骤如下。

（1）选择"幻灯片放映"选项卡→"设置"工具组"设置放映方式"命令按钮，打开"设置放映方式"对话框，如图 5 - 89 所示。

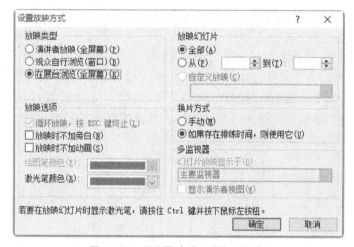

图 5 - 89　"设置放映方式"对话框

（2）在"放映类型"区域选择"在展台浏览（全屏幕）"单选按钮，在"换片方式"区域选择"如果存在排练时间，则使用它"单选按钮，单击"确定"按钮。

（3）按 F5 键观看放映效果。整个放映过程将在无人干预的情况下不间断的循环进行，直到按 Esc 键才会终止。

8．演示文稿的打包

通过 PowerPoint 2010 或其他 Office 程序，可以与他人共享 PowerPoint 演示文稿，并且可以共同编辑和修改它们。PowerPoint 2010 提供的打包工具可以将演示文稿、其中所链接的文件、嵌入的字体以及 PowerPoint 播放器打包一起刻录存入磁盘，打包后的演示文稿可以在没有安装 PowerPoint 的计算机上演示。

将"校园风光.pptx"演示文稿打包，操作步骤如下。

（1）打开"校园风光.pptx"演示文稿。

（2）打开"文件"选项卡→"保存并发送"命令，在展开的窗格中选择"文件类型"栏目下的"打包成 CD"命令，单击"打包成 CD"按钮，如图 5 - 90 所示。

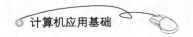

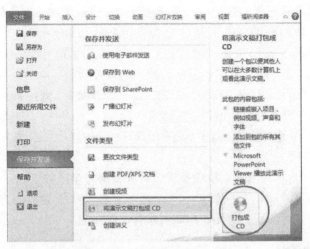

图 5-90 "保存并发送"窗格

（3）打开"打包成 CD"对话框，如图 5-91 所示。如果还需要添加其他演示文稿可以选择"添加"文件命令，在弹出的"添加文件"对话框中找到所需文件即可。

（4）单击"选项"按钮，打开"选项"对话框，可以设置打包文件中是否包含PowerPoint 播放器、链接的文件和嵌入的字体。如果需要保护打包的 PowerPoint 文件，还可以在此设置打开密码和修改密码，如图 5-92 所示。

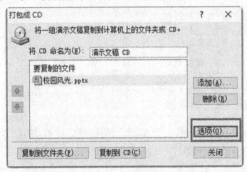

图 5-91 "打包成 CD"对话框

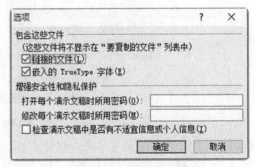

图 5-92 "选项"对话框

（5）设置好以后就可以选择"复制到文件夹"按钮，打开"复制到文件夹"对话框，如图 5-93 所示，对"打包文件夹名称"和"位置"进行设置，单击"确定"按钮，在弹出的打包演示文稿信息确认对话框中单击"确定"按钮，将文件打包，如图 5-94 所示。

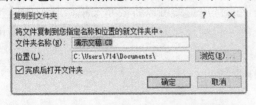

图 5-93 "复制到文件夹"对话框

图 5-94 打包演示文稿信息确认对话框

9. 打印演示文稿

当一份演示文稿制作完成以后，有时需要将演示文稿打印出来。PowerPoint 2010 允许用户选择以彩色或黑白方式来打印演示文稿的幻灯片、讲义、大纲或备注页。打印"讲义"即将演示文稿中的若干张幻灯片按照一定的组合方式打印在纸张上，可以节约纸张。

将"校园风光.pptx"演示文稿以"讲义"的形式打印出来，操作步骤如下。

（1）选择"文件"选项卡→"打印"命令，打开如图 5-95 所示的"打印"窗格。

（2）在"打印机"区域的名称列表中选择打印机，在"打印范围"区域选择全部或部分幻灯片。

（3）在"打印内容"下拉列表中选择"讲义"，如图 5-96 所示，在"讲义"区域中设置每页纸上打印的幻灯片数（最大值为 9）。

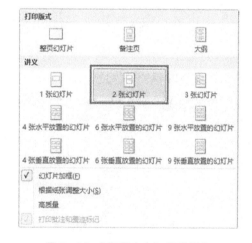

图 5-95　"打印"窗格　　　　　　　　图 5-96　"打印内容"下拉列表

（4）在"份数"区域中设置打印份数，单击"确定"按钮即可以开始打印。

【技能提高】

1. 拆分幻灯片

如果某张幻灯片内容过长，需要进行适当拆分。

将"技能提高"文件夹中的"拆分（素材）.pptx"演示文稿中的幻灯片拆分为 2 张幻灯片，效果如图 5-97 所示。操作步骤如下。

（1）在"普通视图"下，单击左侧的"大纲"选项卡，切换到"幻灯片文本大纲"。

（2）在"大纲"选项卡中，将插入点置于需要拆分内容的起始处（"2. 把握句法"段落末尾），按回车键新建一个空行。

（3）单击鼠标右键，如图 5-98 所示，在弹出的菜单中单击"升级"按钮，产生新的幻灯片，完成拆分。

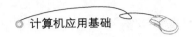

图 5-97　拆分前后对照　　　　　　　　　图 5-98　大纲菜单

2. 合并幻灯片

如果幻灯片中内容较少，且相邻 2 张幻灯片内容相关，可将这 2 张幻灯片合并。

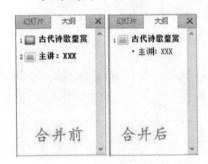

将"技能提高"文件夹中的"合并（素材）.pptx"演示文稿中的 2 张幻灯片合并为 1 张幻灯片，效果如图 5-99 所示，操作步骤如下。

（1）在"普通视图"下，单击左侧的"大纲"选项卡，切换到"幻灯片文本大纲"。

（2）在"大纲"选项卡中，将插入点置于需要合并的第 2 张幻灯片内容的任意位置。

图 5-99　合并前后对照

（3）单击鼠标右键，在弹出的菜单中单击"降级"按钮，原来第 2 张幻灯片的内容即合并到第 1 张幻灯片中。

拓展阅读

演示文稿的目的在于传达信息，所以有演讲者将整页的文字稿直接影印成幻灯片；有演讲者怕遗漏重要信息，照着幻灯片的内容逐字宣读；有演讲者准备的幻灯片花俏得让人觉得他好像是在教演示文稿软件。

下面将介绍一场成功的演讲该注意那些细节，如何将演示文稿技巧的理论与 PowerPoint 实务结合。

1. 演示文稿成功的关键

演示文稿成功的关键可以归纳为内容、态度/形象和声音三部分。人们往往认为演示文稿成功的关键是内容。然而，内容只占 7%；演示文稿成功最主要的关键是态度/形象，占 58%；其次是声音，占 35%。回想一下所谓的名嘴，那么这层道理也就不说自明了。

演示文稿是说服的艺术，要说服观众接受我们的观点，首先要抓住观众的注意力，然后帮助观众清楚地了解我们要传达的信息，引导观众同意我们的观点，最后建立共识。

作为信息时代的演讲者，可以运用信息科技来帮助我们建构信息。

2. 成功演示文稿七步骤

1）观众

如果能够事先知道观众的基本信息，那么在设计演示文稿内容时，就可以将观众的特性融入演示文稿中。"观众为什么会来听我们演讲，想从我们的演讲中得到什么？""我们的演示文稿内容能不能符合观众的需求？""观众的人数有多少？""观众对主题的熟悉程度如何？所有人都很熟悉，还是只有部分人熟悉？""观众的背景、教育程度、工作性质等同构型有多高？"

如果我们的观众对我们所要讲的主题已经很熟悉，我们还讲众人皆知的基本观念，是会让人很厌烦的；反之，如果我们的观众对主题一点也不熟悉，而我们一下子就切入核心，让观众一头雾水，或者满口让人听不懂的专有名词、英文简称，让观众充满挫折感，那么观众也不会对演讲感兴趣。

所以，应根据观众分析来准备演示文稿内容。需要为观众建立背景知识时，请大方地加以解释，再把焦点拉回主题，让所有观众都能同步。所以，也不要在中途塞给观众太多的参考资料，这样观众会分心，还跟不上进度，请把所有补充资料全部放在最后面，甚至另外制作附录，让观众带回去参考。

2）信息

演示文稿最主要的目的是传达信息，所有的内容都应该辅助信息的传达，与此目标无关的，都不应该在演示文稿中出现。

演示文稿设计的原则是 KISS（Keep It Simple and Stupid）。其实准备演示文稿内容和写文章是一样的，订好题目后，先列出大纲，把重要的观念和关键词的关联性架构出来，接下来再加上创意，以数据、图表、动画等视觉工具来辅助说明。

（1）文字的使用。

善用 PowerPoint 的演示文稿设计模板，可以省去配色定字型的时间。切记演示文稿是辅助我们传达信息，而真正在传达信息、说服观众的是我们，所以不要将幻灯片设计成小抄或脚本，照本宣科。如果我们只是照念的话，那么同样的内容，以后可能就是下面听讲的人来念，而不是我们了。所以每场演讲都应该建立我们的无可取代的优势，传达不仅仅是演示文稿幻灯片上的文字内容，而是需要有我们演讲才成功。如果幻灯片的内容是满篇文字，信息就完全揭露了，下次再讲就缺少了新颖性，就得追求进步性。名的演讲者，一套幻灯片走天下，场场爆满，没有人嫌幻灯片一样，因为诠释不同。

制作幻灯片 Magic Seven 原则，每张幻灯片传达 5 个概念效果最好，7 个概念人脑恰恰好可以处理，超过 9 个概念则负担太重了，需要重新组织。（$7 \pm 2 = 5 \sim 9$）

（2）字体大小。

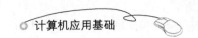

幻灯片的字体要大、行数要少，大标题至少要用 44 磅以上的字，如果会场很大、很深的话，磅值需再提高。幻灯片的大小标题应尽量用粗体，不要选用系统预设以外的字体设计，因为会场的计算机可能无法支持。

（3）标题的使用。

标题是每张幻灯片的主轴，请简洁有力地传达每张幻灯片的重点，最好是以 5~9 个字来说明，因为再多字一行就挤不进去了，就算挤得进幻灯片，也挤不进观众的脑中，而后者显然是比较重要的。

因为标题只能取 5~9 个字，如"的图形""百分比分析"这样的冗赘字眼就无须出现，其实每张幻灯片就是大小标题的组合，也就是概念的串联。除引述一段文字或是名言外，不会出现超过两至三行的文字，如引文则应该帮观众掌握信息，以不同颜色或是画线标示重点。

（4）勿用标点符号。

既然幻灯片就是大小标题的组合，那么就不需要出现标点符号，尤其是冒号和句点。幻灯片上的信息都已经分类串联好了，也都以项目符号、字型字体等加以分段组织，所以大部分的标点符号都是多余的。

尽量少用括号，如果在大标题中真的觉得有加括号的必要，那就把它放到次层标题中，这样可以让标题简洁有力。

（5）缩写的使用。

用英文缩写字可以让演示文稿内容更精简、更专业，但缩写的效果只有对非常熟悉主题的人才有用，所以除非非常确定观众的背景，否则还是应将全文拼出。

（6）数字的使用。

使用数字来支持我们的观点或是论证，效果最好，因此，统计数字也是演示文稿常用的信息。在演示文稿中引用统计数字时，幻灯片中宜以精确数字呈现，但在口述时，不要太拘泥于精确数字，而应使用近似值，因为近似值容易记忆容易联想，只有在有特殊目的的时候，才需要使用精确数字。

（7）关联信息的使用。

信息透过时间和空间的关联，更具意义，所以流程图、组织图、时间表、大事年表，都可以让信息更为生动，Microsoft Office Visio 是很好的辅助工具。

（8）图表的使用。

表胜于文，图胜于表，图表只须标题，不需再加上文字解释图表内容。诠释这种智能型的工作，千万不要让计算机做，而应该留给你。如果怕到时紧张遗漏了重要的信息，可把要讲的内容打在备忘稿中。

（9）动画的使用。

我们经常利用大饼图、柱形图等来呈现统计数字，此时我们也可以多点创意，以动画来呈现市场占有率，或业绩成长，更令人印象深刻。

（10）信息来源。

演示文稿也应该尊重知识产权，注明资料来源。一来表示我们所引用信息的权威性，二来也彰显我们的专业。在演示文稿中可以建立自己的风格，将信息来源固定安排在幻灯片的固定地方，如此一来，我们演讲的时候不用再花宝贵的时间去交代信息来源，观众就会自己在幻灯片的适当位置取得所需信息。幻灯片中的信息来源也应该采用标准书目格式，以免挂一漏万。如可放在每张幻灯片的最下方。

3）组织

幻灯片的内容要怎么安排呢？其实一场演示文稿就是在说一个故事。首先自我介绍，然后告诉观众将要听到一个什么样的故事，接下来把故事说给观众听，再强调一下故事的意涵，然后帮观众回忆一下今天听到了一个怎样的故事，最后是谢谢观众的参与。

（1）开场白（Introduction）。

好的开始是成功的一半，第一张幻灯片要充分彰显占演示文稿成功关键58%的态度和形象，要表现我们很高兴来演讲而且尊重观众。所以幻灯片的最上方要标明主办单位或是会议名称；接下来要表现我有资格来做这场演讲，所以要标明姓名、职称和工作单位或是专长。

第一张幻灯片中应提供下列完整的信息：

会议名称

演讲主题

演讲者、职称、服务单位、联络方式

日期

有了上述完整信息，不管我们的讲义流落何方，拿到讲义的人永远有足够的背景信息知道我们是在何时何地做这场演讲，甚至听讲的对象也都意涵其中；更重要的是，当有人要引用讲义中的内容时，也有足够的书目信息。

（2）内容大纲（Preview）：告诉观众我们接下来要讲什么。

准备一张幻灯片标示内容大纲，当然如果能以图标示则更念人印象深刻。所以如果是研究成果发表，可以研究流程做大纲，如果是两、三个小时的演讲，可以此内容大纲幻灯片串场，帮助观众掌握进度。

（3）说明主要的和次要的概念。

我们要讲得就像是说故事一样，从"很久很久以前……"开始，然后……，最后"从此王子与公主过着幸福快乐的日子"。让观众可以很轻松地听完整场演讲，所以我们要帮助观众把核心概念凸显出来，让观众不费吹灰之力就抓住重点。

① 这些概念对观众有什么意义（利益）。

② 回顾：告诉观众我们讲过了什么。

③ 结论：观众现在该知道什么或做什么。

④ 别忘了说：谢谢！。

4）练习

演讲都有时间限制，好的演讲者要能控制时间。切记，千万不要拖延时间，就算是前一位演讲者占用了我们的时间，我们还是要尽可能地准时结束，尤其是当我们是最后一位演讲者时，因为观众不会记住之前谁拖延时间，只会记得我们占用他们的宝贵时间。

要能有效控制时间需要练习，而且要知道每张幻灯片所花费的时间。PowerPoint 有排练的功能，只要按一下"幻灯片放映"菜单上的"排练计时"即可。接下来模拟演讲实况，PowerPoint 就会自动记录每张幻灯片所花费的时间。使用"预演"对话框中的不同按钮暂停放映幻灯片重新播放幻灯片以及换到下一张幻灯片。PowerPoint 会记录每一张幻灯片出现的时间，并据以设定放映的时间。当完成排练之后，可以接受该项时间设定或重新试一次。至少照着讲稿演练一遍，可以估计一场演示文稿约花费多少时间。

5）讲义

演讲是无形的服务，所以要加以有形化，最具体的有形化就是提供讲义。讲义通常是将幻灯片的内容打印出来给观众，通常幻灯片都是彩色的，但是讲义却只能印黑白的，所以在印制幻灯片之前先以灰度预览的功能检查一遍，看看有没有黑白无法显示的内容。另外，若有演讲效果的设计，则打印幻灯片时，如穿插的笑话或互动的问题与解答，应将相关幻灯片隐藏起来。

大部分讲义都是演讲前发，但是有时考虑演讲效果，也可以在演讲后才发，让观众专心听演讲，尤其是交互式、参与式的演讲。

讲义是要加深观众的印象，所以以清楚易读为原则，虽然 PowerPoint 有一页打印六张幻灯片的功能，但是印出来每张幻灯片都看不清楚，所以原则上是以每页打印两张较为清楚，有些幻灯片有精致的图表时，应每页打印一张幻灯片。

6）开讲

终于上场的时间到了！第一原则，请提早到。

受到邀请做演示文稿是一件非常光荣的事，要优先表达，有主持人要谢谢主持人的介绍，观众有重要人物应加以致意，尽量能提到几位观众的姓名。接下来用开场白赢得注意，尽量建立主题与观众的关联性，可以以一个问题开始，但是问的问题要与观众的需求相关，引起观众的注意。适时感谢观众的参与，永远说"我们"，而不要用"你们"，因为"我们"表示和观众是同一方的；而"你们"表示是观众一方，演讲者自己一方，产生与观众之间的距离。

永远面带微笑，因为来演讲是很令人高兴的一件事；用友善的语调做演示文稿，不要让观众感到威胁或惊吓，让观众感受到来听演讲也是一件舒服高兴的事。

要谈观众感兴趣的事，因为焦点是观众，所以要讲的是观众感兴趣的事，不是演讲者感兴趣的事，多举例子和经验，直接与观众沟通。目光接触，看着观众就像面对面说话一样，千万不要一直问观众："我这样讲你们懂不懂？""会不会？""知不知道？"

7）检查修正

同一个主题我们可能不只有一次演讲的机会，所以每次演讲完就应把这次演讲中值得改进的地方加以修正，如果是幻灯片内容有需要增删的，立即修改，以后再做类似主题的演讲时，就事半功倍了。

课后练习

利用提供的素材制作演示文稿"古代诗歌鉴赏 . pptx",效果如图 5 - 100 所示。制作要求如下。

1. 制作标题幻灯片"古代诗歌鉴赏",效果如图 5 - 100 所示的第 1 张幻灯片。

（1）将"古代诗歌鉴赏（素材）. doc"作为幻灯片大纲插入到新建演示文稿中。

（2）删除空白幻灯片。

（3）将"古代诗歌鉴赏"幻灯片版式设置为"标题幻灯片"。

（4）将标题"古代诗歌鉴赏"文本设置为"华文隶书""66 磅"。

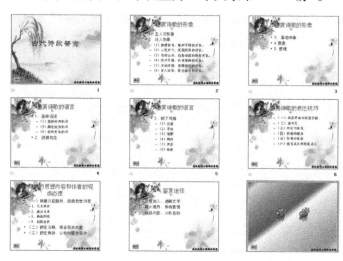

图 5 - 100 "古代诗歌鉴赏 . pptx"演示文稿

（5）将标题"古代诗歌鉴赏"的动画效果设置为"3 轮辐图案轮子",速度为"快速"。

2. 将演示文稿中的幻灯片根据内容适当拆分,并将标题内容复制到拆分的新幻灯片中,适当调整文本位置。

3. 设置幻灯片背景:

（1）将使用"标题幻灯片"版式的幻灯片背景填充设置为"background1. jpg";

（2）将使用"标题和文本"版式的幻灯片背景填充设置为"background2. jpg"。

4. 修改使用"标题和文本"版式的幻灯片主题颜色:

（1）将"标题文本"设置为"蓝色";

（2）将"内容文本"设置为"深绿色"。

5. 在演示文稿的每张幻灯片上,添加"校名 . emf"图片于幻灯片的右下角,并适当调整图片大小。

6. 在演示文稿末尾新建一张"谢谢"的幻灯片:

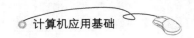

（1）新建幻灯片，并设置为"空白"版式；

（2）在幻灯片上添加艺术字"谢谢"，使用"艺术字库"中第 2 行第 1 个艺术字样式；

（3）设置艺术字字体为"华文行楷""加粗"；

（4）设置艺术字格式颜色"填充效果"为"预设"的"铬色"；

（5）艺术字转换设置为"桥形"；

（6）艺术字字符间距设置为200％；

（7）将幻灯片"背景"设置为预设颜色"极目远眺"，"底纹样式"为"斜上"；

（8）设置艺术字动画效果为"曲线向上"，并绘制"自定义路径"为"任意曲线"。

7．在各张幻灯片上添加一个"返回"按钮，在放映过程中单击该按钮即可跳转到演示文稿的第 1 张幻灯片上。

8．为每张幻灯片设置任意的不同切换效果。

9．设置放映方式为"演讲者放映"及"循环放映，按 Esc 键终止"。

第6章　计算机网络及使用

学习内容

　　计算机网络的基本概念、原理；

　　因特网的基本概念、原理；

　　使用因特网的基本方法、工具和应用软件。

学习目标

　　理论目标：

　　（1）了解网络的发展和网络的功能；

　　（2）理解网络的功能和系统组成；

　　（3）掌握网络的多种分类；

　　（4）理解因特网的 TCP/IP 体系结构；

　　（5）掌握因特网的原理。

　　技能目标：

　　（1）掌握因特网的 ADSL 接入方法；

　　（2）掌握浏览器的使用方法；

　　（3）掌握 Outlook Express 收发电子邮件的方法。

　　随着网络技术的发展，计算机网络已深入到社会的各个领域，今天的网络是我们学习的一种工具，也是我们生活的一种方式。

6.1　了解计算机网络

　　计算机技术与通信技术高速发展，两种技术相互渗透和紧密结合后产生了计算机网络技术。计算机网络技术发展的根本目的，就是为了实现资源共享。计算机网络就是将不同地理位置的具有独立计算能力的计算机或者计算机系统，通过通信技术相互连接起来，能够实现数据传输和资源共享的系统。

　　计算机网络从 20 世纪五六十年代形成雏形，发展到现在的 21 世纪，经历了面向终端的联机系统、计算机—计算机网络、开放式标准化网络和互联网的广泛应用与高速网络技术使用四个阶段。

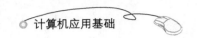

6.1.1 计算机网络的功能

1. 资源共享

计算机网络的最重要的功能是资源共享。这里的资源包含数据、硬件和软件资源。硬件资源指的是计算机的处理能力、存储能力和网络信道带宽等。网络允许用户远程访问数据库，网络还可以实现网络文件传送服务、远程文件访问、远程进程管理等服务，这些就是网络的数据和软件资源共享。

2. 信息交流

计算机网络为不同地点的用户提供了较好的信息交流的通信手段。用户可以使用计算机网络传送电子邮件、发微博和进行电子商务、远程教育等活动。

3. 分布式处理

利用网络技术可以将网络中的许多计算机连接成一个具有高性能的计算机系统，使其具有解决复杂问题的能力。可以将一个较大的处理任务，划分为多个小任务，分配给网络中的多个计算机系统完成，若干个小系统完成后，将结果反馈给统一管理任务的计算机，这就是分布式处理。

6.1.2 计算机网络的分类

计算机网络可以按多种标准分类。

1. 按网络分布的地理范围分类

按照网络中计算机覆盖的地理范围，可以把计算机网络分为局域网 LAN（Local Area Network）、城域网 MAN（Metropolitan Area Network）和广域网 WAN（Wide Area Network）。

1）局域网

局域网通常指分布范围在 20 千米以内的网络。常见的一个办公室、一栋或者几栋建筑物连成的网络都是局域网。局域网可采用基带传输技术直接处理数字信号，速率为 10～1 000 Mbit/s。具有延迟低、成本低、组网容易、易维护等优点。

2）城域网

城域网的覆盖范围一般是数百平方千米的一座城市，由多个局域网组成，可以为个人或者企事业单位提供接入互联网的服务。

3）广域网

广域网的范围可达数百至数千千米，由多个城域网互联而成，最常见的有 ChinaNet 中国公用计算机网、Internet 等。广域网结构较为复杂，组网的成本比较高。

2. 按照传输介质分类

计算机网络根据传输介质可分为有线网络和无线网络。

1）有线网络

网络中使用双绞线、光纤和同轴电缆这样的传输介质的网络，我们称为有线网络。

2）无线网络

无线网络使用空气作为传输介质，具有安装便捷、使用灵活、经济节约、易于扩展等优点。

无线局域网（Wireless Lan，WLAN）是局域网技术与无线通信技术相结合的产物。常用的无线局域网技术有 802.11 和蓝牙（Blue Tooth）等。

6.1.3　常见网络术语

数据：在计算机系统中，所有信息都是以数据的方式来存储的。各种字符、数字、语音、图形、图像等都是数据的表现形式，数据经过加工后就成为信息。

信号：信号是数据的电子或电磁编码的表现方式。信号有模拟信号和数字信号两种。

模拟信号：模拟信号是随时间连续变化的电流、电压或电磁波，固定电话机的电话线传输的信号就是模拟信号。

数字信号：数字信号是一系列离散的电脉冲，用某一瞬间的状态变化来表示要传输的数据，计算机产生的电信号 0、1 即是这样的数字信号。

信道：信道是信息传输的通道，作用是把携带有信息的信号从信源端传递到信宿端。根据传输介质的不同可分为有线信道和无线信道两类。

上传：将数据从本地的计算机传输到远程的计算机系统上，这个传输过程即为上传。上传一词来自英文单词 upload。常见的将网页、文字、图片传输到远程服务器都是上传。

下载：把远程计算机系统上的数据通过网络传输到本地计算机上的过程即为下载。下载一词来自英文单词 download 词。在网络应用中，只要是获得本地计算机上没有的信息的活动，都可以认为是下载，如在线听歌、在线看电影、接收电子邮件等。

传输速率：传输速率指网络设备在单位时间内传输的数据数量，常见单位为位/秒（bits per second），记作 bps 或 b/s。

带宽：带宽（band width）又叫频宽，是指在固定的时间内可传输数据的最大数量，可衡量信道传递数据的能力。在数字设备中，频宽通常以 bps 表示，即每秒可传输的位数。在模拟设备中，频宽通常以每秒传送周期或赫兹（Hz）来表示。

网络延时：网络延时指一个数据包从用户的计算机发送到网络服务器，然后再从网络服务器返回用户计算机所用的时间。网络延时越高网速越慢。

抖动：由于网络的复杂性、网络流量的动态变化和网络路由的动态选择，网络延时随时都在不停变化，这种变化称为抖动。网络抖动越小，那么网络的质量就越好。

协议：英文为 protocol，指计算机通信网络中两台计算机之间进行通信所必须共同遵守的规定、规则、标准或约定。协议也可以这样说，即连入网络的计算机都要遵循的技术规范，比如硬件、软件和端口等一些技术规范。

网络拓扑结构：拓扑（Topology）学是数学中一个重要的、基础的分支。网络拓扑结构是指计算机网络系统中，各种物理设备之间的物理布局和相互关系。网络拓扑与网络的传输介质和节点间的距离无关。常见的网络拓扑结构主要有星型、环型、总线型、树型和

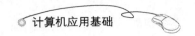

网状型几种。

以太网：英文 Ethernet，是一种较为成熟的局域网技术，使用 IEEE802.3 标准规定的载波监听多路访问/冲突检测（CSMA/CD）技术，控制多个用户共用一条信道。目前广泛应用的有快速以太网（100 Mbit/s）、千兆以太网（1 000 Mbit/s）和万兆以太网（10 Gbit/s）技术。

6.1.4　常用网络设备

1. 网卡

网卡英文为 NIC（Network Interface Card），又称网络适配器或者网络接口卡。网卡是最常见的网络设备。常见的计算机现在都已经在主板上集成了网卡设备。在服务器、交换机、路由器这些网络设备中，往往还有多个网卡，如图 6-1 所示。

网卡是计算机与传输介质的接口设备，计算机通过网卡进行编码和解码、发送和接收数据，还可进行介质访问控制。家用和商用计算机中集成网卡多为 RJ-45 接口，如图 6-2 所示。普通的网卡通信速度已达到 100 Mbit/s 以上。

图 6-1　网卡

6-2　RJ-45 接口

2. 无线网卡

无线网卡的功能和原理与网卡一样，但是使用无线电波作为传输媒介，多用在无线局域网络（WLAN）中。无线网卡通过无线局域网中的 AP（Access Point 无线接入点）连入

网络，目前已广泛作为标准配置内置于笔记本电脑、平板电脑、手机等一些数码设备中。外置的无线网卡外形与 U 盘类似，采用 USB 接口，如图 6-3 所示。

无线网卡工作时使用的协议不同，通信速率也不一样。使用 802.11b 标准的传输速率为 11 Mbps，802.11g 标准的传输速率为 54 Mbps，802.11n 标准的传输速率为 300 Mbps。

图 6-3　外置无线网卡

> **注意**
>
> WiFi：英文为 Wireless Fidelity，是一种无线局域网技术。WiFi 技术的使用需要"热点"，如无线路由器或者无线网关这些网络设备。家庭的无线路由器连上一条 ADSL 线路，支持 WiFi 功能的手机、平板电脑、笔记本电脑等设备都可以使用 WiFi 技术上网。现在机场、咖啡店、旅馆、书店以及校园等地方"热点"也较为常见。

3．双绞线

双绞线英文为 Twisted Pair，是目前网络布线中较常用的传输介质，如图 6-4 所示。双绞线把两根绝缘的铜导线按一定密度互相绞在一起，可降低信号干扰的程度，每一根导线在传输中辐射出来的电波会被另一根线上发出的电波抵消。双绞线可分为非屏蔽双绞线（Unshielded Twisted Pair，UTP，也称无屏蔽双绞线）和屏蔽双绞线（Shielded Twisted Pair，STP），屏蔽双绞线电缆的外层由铝箔包裹着，它的价格相对要高一些。

双绞线用 RJ-45 水晶头连接在网络设备上，这种 RJ-45 接头与电话中使用的 RJ-11 接头非常相似，如图 6-5 所示。这些接头要比 T 型接头便宜，而且在移动时不易损害。

图 6-4 双绞线　　　　　　　图 6-5 水晶头

与其他传输介质相比，双绞线在传输距离、信道宽度和数据传输速度等方面均受一定限制，但价格较为低廉。虽然双绞线可以扩展到 100 m，但是按通常的经验，考虑到网络设备中和布线室里要额外布线，所以双绞线最好限制在 90 m 以内。

4．光纤

光纤为光导纤维的简称，是一种传输光束的细而柔韧的媒质，如图 6-6 所示。光纤通常由石英玻璃制成，其中横截面积很小的双层同心圆柱体，也称为纤芯。光导纤维电缆由一捆纤维组成，简称为光缆。光缆是数据传输中常见的一种传输介质。

光纤传输具有频带宽、损耗低、重量轻、抗干扰性强、工作性能稳定等优点。在网络传输中，光在光导纤维的传导损耗比电在电线传导的损耗低得多，所以光纤在长距离的信息传递中有较大优势。

图 6-6 光纤

5．交换机

交换机英文为 Switch，是一种用于数据转发的网络设备，具有简化、低价、高性能和高端口密集等特点的网络产品，如图 6-7 所示。

计算机网络中交换机可分为两种：广域网交换机和局域网交换机。广域网交换机主要应用于电信领域，提供通信用的基础平台。局域网交换机则应用于局域网络，用于连接终端设备，如 PC 机及网络打印机等。作为局域网的主要连接设备，以太网交换机成为应用普及最快的网络设备之一。

图 6-7 交换机

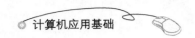

6. 路由器（无线路由器）

路由器英文为 Router，能在两个局域网之间按数据包传输数据，路由器的主要用途是连接多个网络，在网络间传输和转发数据，能根据信道的情况自动选择和设定路由，以最佳路径发送数据。路由器是互联网的关键网络设备，如图 6-8 所示。

从使用的用户对象来划分，路由器可以分为接入路由器、企业级路由器、骨干级路由器等。家庭和小型局域网用户多通过接入路由器连接到互联网，支持 SLIP、PPP、PPTP 和 IPSec 等网络技术。目前，接入路由器通过 ADSL 线路的宽带上网的方式较为常见。

无线网络路由器是一种用来连接有线网络和无线网络的网络设备，如图 6-9 所示。无线网络路由器集 AP、路由器和交换功能于一身，它可以通过 WiFi 技术收发无线信号来与笔记本、平板电脑、智能手机等设备连接。无线路由器可以在不设电缆的情况下，方便地搭建一个小型局域网。

图 6-8　路由器

图 6-9　无线路由器

7. 调制解调器

调制解调器英文为 Modem，俗称为"猫"，是一种信号转换的网络设备。计算机是一种数字设备，产生的数字信号如果需要使用电话线这种传输介质远程传输，需要转换成模

拟信号，这种转换设备就是调制器（Modulator）。接收端计算机在接受电话线中的模拟信号后，需要转变成数字信号，再传输给计算机，这时的转换设备称为解调器（Demodulator）。

ADSL modem 即为非对称数字用户环路调制解调器，如图 6-10所示，提供调制数据和解调数据的机器，使用电话线进行数据传输。

图 6-10　ADSL Modem

6.2　认识因特网

6.2.1　了解因特网

Internet 称为因特网或者国际互联网，是一个开放的全球性的广域网，Internet 的骨干网已经覆盖了全球。Internet 对全世界的经济、社会、科学、文化等各个领域产生了深远的影响。

20 世纪 60 年代开始，美国国防部的高级研究计划局 ARPA（Advance Research Projects

Agency）建立计算机实验网 ARPANet，建网的目的是帮助为美国军方工作的科研人员通过计算机交换信息。1969 年 12 月，ARPANet 投入运行，建成了一个实验性的由 4 个节点连接的网络。到 1983 年，ARPANet 已连接了三百多台计算机，供美国各研究机构和政府部门使用。1988 年美国国家科学基金组织 NSF 建立了 NSFNET，将美国各地的 5 个为科研教育服务的超级计算机中心互连，逐步取代了 ARPANet。1990 年左右，ARPANet 正式关闭。20 世纪 90 年代初，Internet 开始走向商业化。今天的 Internet 已不再是计算机人员和军事部门进行科研的领域，而是一个开发和使用信息资源的覆盖全球的信息海洋。

Internet 的常见应用有以下一些。

1. WWW 应用

WWW 应用是网络用户使用最多的最基本的网络应用。WWW 是全球信息网（World Wide Web）的缩写，也可以简称为 Web，中文名字为"万维网"。网络用户可以访问 Internet 上的任何网站，在网上畅游，能够足不出户尽知天下事。WWW 提供丰富的文本和图形，音频，视频等多媒体信息，并将这些内容集合在一起，并提供导航功能，使得用户可以方便地在各个页面之间进行浏览。由于 WWW 内容丰富，浏览方便，目前已经成为互联网最重要的服务。

2. 电子邮件

电子邮件英文为 E–mail，是早期互联网三大经典应用之一，目前也有广泛应用，是一种用电子手段提供信息交换的通信方式。电子邮件支持对方不在线的信息通讯，和其他通讯方式相比，具有使用价格低廉、快捷方便等特点。

3. 信息搜索

Internet 是一个巨大的信息资源库，使用一些搜索引擎，可以在浩瀚的知识海洋里找到自己需要的信息。搜索引擎是提供信息检索服务的工具平台，它使用某些程序把因特网上的网站信息进行收集和归类。搜索引擎其实就是一个网站，是专门提供信息"检索"服务的。

当用户以关键词查找信息时，搜索引擎会在数据库中进行搜寻，如果找到与用户要求内容相符的网站，便采用特殊的算法计算出各网页的相关度及排名等级，然后根据关联度高低，按顺序将这些网页链接返回给用户。著名的搜索引擎网站有 Google、百度等。

4. 电子商务

电子商务是利用计算机技术、网络技术和远程通信技术，实现整个商务过程中的电子化、数字化和网络化的一种技术。电子商务利用互联网为工具，使买卖双方不见面地进行各种商业和贸易活动。

电子商务一般可分为企业对企业（Business–to–Business，B2B）、企业对消费者（Business–to–Consumer，B2C）、消费者对消费者（Consumer–to–Consumer，C2C）、企业对政府（Business–to–government，B2G）等 4 种模式。随着国内 Internet 使用人数的增加，利用 Internet 进行网络购物并以银行卡付款的消费方式已日渐流行，市场份额也在迅速增长，电子商务网站也越来越多。常见的电子商务网站有淘宝、当当、卓越和京东商

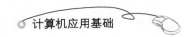

城等。

5. 即时通信

即时通信英文为 Instant Messenger，简称 IM，是指能够通过网络即时发送和接收消息的一种通信技术。即时通信不同于 E-mail 的是它的通信是即时的这个特征。

早期的即时通信工具软件主要用于聊天，随着功能的日益丰富，现在的即时通信软件逐渐集成了电子邮件、博客、音乐、电视、游戏和搜索等多种功能，已经发展成集交流、资讯、娱乐、搜索、电子商务、办公协作和企业客户服务等为一体的综合化信息平台。QQ、MSN 是常见的即时通信软件。

随着人们的生活更加丰富多彩，基于 Internet 的应用还有文件传输、网上听歌、网上看电影、网上炒股、网络求职、网上银行、远程教育、远程医疗等等很多应用。

6.2.2 因特网工作原理

1. 因特网体系结构

Internet 的体系结构为 TCP/IP 协议族，简称为 TCP/IP，凡是遵循 TCP/IP 协议的各计算机网络都能相互通信。

为统一网络软硬件资源的生产标准，Internet 的体系结构使用分层的方法进行管理，每一层都有相关的协议。TCP/IP 的层次模型分为四层，如图 6-11 所示。

应用层	Telnet	FTP	SMTP	DNS	HTTP	SNMP
传输层	TCP			UDP		
网络层			IP		IGMP	ICMP
	ARP					
网络接口层	Ethernet	Token Ring		Frame Relay	ATM	

图 6-11　TCP/IP 体系结构

最顶层为应用层，该层中有 HTTP、SMTP、DNS、SNMP 等协议。HTTP（hypertext transport protocol）协议是超文本传送协议，它允许将超文本标记语言（HTML）文档从 Web 服务器传送到客户机浏览器。FTP（File Transfer Protocol）是文件传输协议，协议的任务是从一台计算机将文件传送到另一台计算机，分为服务器端和客户端。

第三层为传输层，主要有 TCP 和 UDP 协议。TCP（Transmission Control Protocol）传输控制协议，把数据分成若干数据包，给每个数据包写上序号，以便接收端按原始的顺序把数据还原成原来的格式。TCP 协议的目的是确保数据可靠的传输，一旦某个数据报丢失或者损坏，TCP 会要求发送端重新发送这个数据报。

第二层为网络层，主要有 IP 协议。IP（Internet Protocol）网间协议给每个数据包写上发送主机和接收主机的地址，一旦写上了源地址和目的地址，数据包就可以在物理网上传送数据了。IP 协议还具有利用路由算法进行路由选择的功能。

最底层为网络接口层，常用的有以太网技术规范。

2. IP 地址

日常生活中，我们买了手机如果不上号是无法正常通讯的。计算机网络世界中也是一样，如果计算机相互之间要通讯，也必须要给每台计算机指定一个号码，这个号码就是"IP 地址"。IP 地址是为标识 Internet 上的主机而设置的。

在计算机内部，IP 地址是一个 32 位的二进制数，由 4 个"8 位二进制数"组成。为了书写和设备方便，IP 地址通常用"点分十进制数"来表示，由 4 组数字组成，每组数字介于 0 ~ 255 之间，每组数字之间用圆点分隔。如某一台电脑的 IP 地址可为：15.96.3.120，但不能为 260.360.2.16。

日常生活中，我们可以通过 11 位的手机号知道它属于哪一个运营商，比如 139 开头的手机号是中国移动的运营商；130 开头的手机号是中国联通的运营商。IP 协议中为了便于寻址和路由，将 32 位的 IP 地址进行划分，每个 IP 地址包括两个标识码（ID），即网络ID 和主机 ID。同一个物理网络上的所有主机都使用同一个网络 ID，网络上的一个主机有一个主机 ID 与其对应。Internet 委员会定义了 5 种 IP 地址类型以适合不同容量的网络，即 A 类 ~ E 类。

A 类：0.0.0.0 ~ 127.255.255.255

B 类：128.0.0.0 ~ 191.255.255.255

C 类：192.0.0.0 ~ 223.255.255.255

D 类是一个专门保留的地址。它并不表示特定的网络，目前这一类地址被用在多点广播（Multicast）中。多点广播地址用来一次寻址一组计算机，它标识共享同一协议的一组计算机。

E 类地址保留，仅作实验和开发用。

私有地址（Private address）属于非注册地址，专门为组织机构内部使用。以下列出留用的内部私有地址。

A 类 10.0.0.0 ~ 10.255.255.255

B 类 172.16.0.0 ~ 172.31.255.255

C 类 192.168.0.0 ~ 192.168.255.255

在设置 IP 时，还有一个子网掩码。通过 IP 地址和子网掩码可以计算出两台主机是否在同一网络中。子网掩码的表示方法和 IP 地址一样，也是 32 位的二进制数，它将 IP 地址中网络位用 1 表示，主机位用 0 表示。若两台主机的 IP 地址与子网掩码相"与"后的结果相同，则说明这两台主机在同一个子网中。

目前的 IP 地址的表示方式是 IPv4 版本，从 IP 地址的表示方法可以看到，IP 地址的数量是一种有限的资源，为了避免 IP 地址分配完毕影响互联网的发展，目前已制定了 IPv6 版本的 IP 协议，IPv6 采用 128 位地址长度，几乎可以不受限制地提供地址。

3. 域名

互联网上相互通讯的主机，都有唯一的 IP 地址标识。网络上有许许多多可以提供资源共享和访问的主机，如 WWW 服务器、邮件服务器、文件服务器，如果让我们记住这些

机器的 IP 地址，然后访问的话，显然是一件非常困难的事。人们想出了一个办法，就是以字符串的方式对应主机的 IP 地址，这种代表 IP 地址的字符串就是域名。

域名的管理有一套完整、严格的系统，我们称为域名系统，即 DNS（Domain Name System）。DNS 是一种采用客户/服务器机制，实现名称与 IP 地址转换的系统，是由名字分布数据库组成的，它建立了叫做域名空间的逻辑树结构，是负责分配、改写、查询域名的综合性服务系统，该空间中的每个结点或域都有唯一的名字。

域名的命名由字符串组成，每串字符间用圆点分隔，域名中的标号都由英文字母或数字组成，每一个标号不超过 63 个字符，也不区分大小写字母。级别最低的域名写在最左边，而级别最高的域名写在最右边，由多个标号组成的完整域名总共不超过 255 个字符。常见的域名格式如下：

主机名. 子域名. 二级域名. 顶级域名

常见的域名有 www. sina. com. cn、mail. 163. com。

顶级域名由国家代码或代表组织类型的域名代码组成。国家代码中，例如 CN 代表中国、UK 代表英国、KR 代表韩国等。顶级域的命名由 InterNIC（Internet Network Information Center）进行管理和维护。常用组织类型代码见表 6-1。

表 6-1 常用组织类型代码表

域名代码	意义
com	商业组织
edu	教育机构
gov	政府机关
net	网络机构
org	组织机构

当顶级域名为国家代码时，二级域名中，可以是组织类型代码，表明这个组织机构在这个国家的域名结构下。二级域名也是由 InterNIC 负责管理和维护的。

子域名是在二级域的下面创建的域，它一般由各个组织根据自己的需求与要求，自行创建和维护。大多以自己组织的拼音、英文单词缩写命名，命名的原则是要让用户越容易记住越好。

主机名是域名命名空间中的最下面一层，是提供网络服务的计算机的名字。为便于用户记忆，一般提供网页浏览服务的服务器主机名为 WWW，提供邮件服务的主机名为 mail。

DNS 服务器是指提供域名和 IP 地址转换服务的计算机，互联网的正常工作离不开众多 DNS 服务器日夜不停地运转来提供域名解析。

4. 统一资源定位

统一资源定位，又叫 URL（Uniform Resource Locator），是专为标识 Internet 网上资源位置而设计的一种表示和书写方式，我们平时所说的网址指的就是 URL。URL 的格式如下：

协议://主机 IP 地址或域名地址/资源所在路径/文件名

例如：http：//www. moe. gov. cn/publicfiles/business/htmlfiles/moe/moe＿1485/201203/131427. html 这是一个网页的 URL。从这个 URL 中，我们知道，使用 http 协议去访问域名为 www. moe. gov. cn 的服务器，具体要访问 publicfiles/business/htmlfiles/moe/moe＿1485/201203 这个路径下的，文件名为131427. html 的这个网页。

有些时候，我们不需要知道访问网页的具体路径和文件名，在浏览器的地址栏里，直接输入 http：//www. sina. com. cn 即可。这时，我们访问的是这个网站的默认首页。

5．工作模式

在因特网中，通信采用客户/服务器（Client/Server）模式，简称 C/S 结构。客户机是一需要资源的计算机，而服务器则是提供资源的计算机。一个客户机可以向许多不同的服务器请求访问资源，一个服务器也可以向多个不同的客户机提供服务。通常情况下，一个客户机需要访问资源时启动与某个服务器的对话，服务器通常是等待客户机请求的一个自动程序。协议是客户机请求服务器和服务器如何应答请求的各种方法的定义。在整个访问过程中，客户机与服务器分别完成自己的任务。

1）客户机任务

（1）客户机通过程序生成访问请求。

（2）发送请求给服务器。

（3）接收服务器发送的应答内容。

2）服务器任务

（1）接受连接请求。

（2）访问请求的合法性检查。

（3）收集客户机访问所需的数据，并进行有效性和安全性检查。

（4）将数据发送给客户机。

6.2.3　接入因特网

因特网的接入需要通过 Internet 服务提供商（Internet Service Provider，ISP），ISP 提供分配 IP 地址、网关、DNS、接入等服务。我国现在有中国电信、中国移动、中国联通三大基础运营商，另外还有 CERNET、长城宽带、艾普宽带等。

因特网的接入有专线接入、通过局域网接入、无线接入和电话拨号连接等几种。目前，对于个人家庭和小型公司用户来说，通过电话线的 ADSL 方式拨号连接是最经济、简单，也是使用最多的一种接入方式。

ADSL 指的是非对称数字用户线路，非对称指的是用户上、下行传输速率（带宽）不一样。上行（从用户到网络）为低速传输；下行（从网络到用户）为高速传输。因其具有下行速率高、频带宽、性能优、安装简便等特点，现在被电信运营商广泛使用。ADSL用户在上网的同时可以打电话，数据和语音互不影响。

ADSL 最高支持 8 Mbps/s（下行）和 1 Mbps/s（上行）的速率，抗干扰能力强，适于普通家庭用户使用。设备有一个 RJ‐11 电话线接口和一个 RJ‐45 网线接口，某些型号的

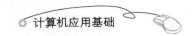

产品带有无线功能。

ADSL 安装简易，可直接利用现有用户电话线，不需另外申请增加线路，在用户侧安装一台 ADSL Modem 和一台电话分离器，电脑上有网卡即可使用。设备连接方式如图 6－12 所示。

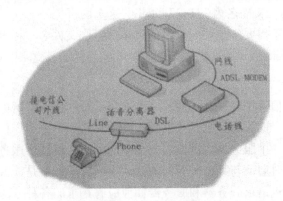

图 6－12　ADSL 连接图

1. 硬件连接方法

（1）将运营商入户的电话线连接到话音分离器的 Line 接口。

（2）用电话线将电话机连接到话音分离器的 Phone 接口。

（3）用电话线连接话音分离器的 Modem 接口和 ADSL Modem 的 Line 接口。

（4）用网线（RJ45 接口）连接 ADSL Modem 的 Ethernet 接口和计算机的网卡接口。

2. 软件设置步骤：（以 Windows 7 操作系统为例）

（1）在开始菜单打开"控制面板"，如图 6－13 所示。

图 6－13　"打开控制面板"

（2）在控制面板中单击"查看网络状态和任务"，打开"网络和共享中心"窗口，如图6-14所示。

图6-14 "网络和共享中心"

（3）在"网络和共享中心"窗口中，单击"设置新的连接或网络"，如图6-15所示。

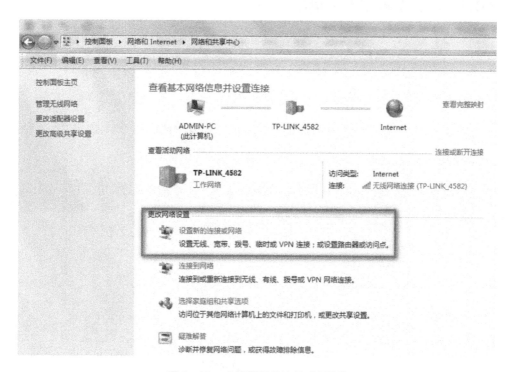

图6-15 "设置新的连接或网络"

（4）在设置新的连接或网络窗口中，选择"连接到Internet"，如图6-16所示。

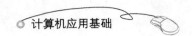

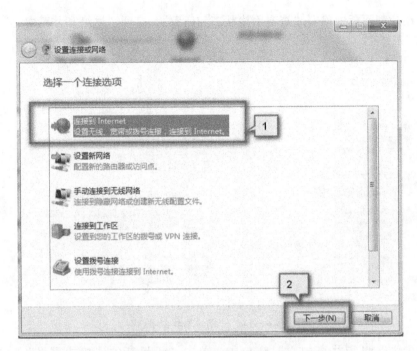

图 6 - 16 **"连接到 Internet"**

（5）选择"设置新连接"，如图 6 - 17 所示。

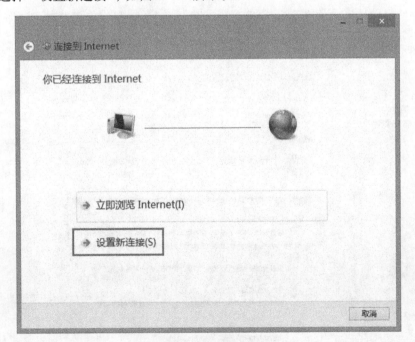

图 6 - 17 **"设置新连接"**

（6）选择宽带连接，如图 6 - 18 所示。

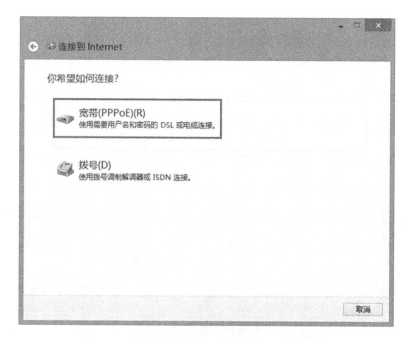

图 6 - 18　宽带连接

（7）输入运营商提供的用户名和密码信息，如图 6 - 19 所示。

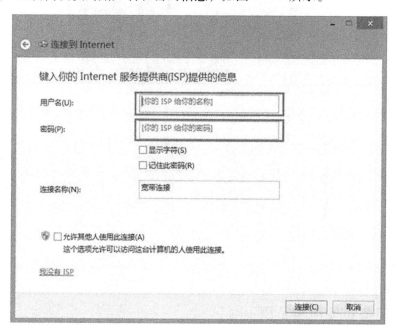

图 6 - 19　输入用户名、密码信息

（8）单击连接按钮，系统会验证用户名和密码，通过后，创建网络连接结束，如图 6 - 20所示。

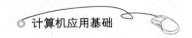

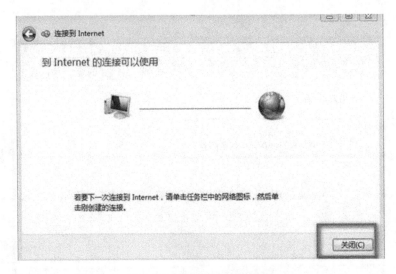

图 6 - 20　创建网络连接结束

（9）双击桌面的宽带连接图标，如图 6 - 21 所示，单击"连接"按钮，验证通过后，计算机即连入了因特网。

图 6 - 21　宽带连接

6.3　任务：使用因特网

【任务描述】

小明的大学学习生活到了最后一个学期，开始了到企业顶岗实习和完成毕业论文的阶段。论文的撰写需要收集相关的素材和资料，离开学校后，也需要经常请教指导老师论文方面的问题，根据老师的修改意见及时修改。经过努力，小明出色地完成了顶岗实习和毕业论文，完成了学业，顺利毕业。

【任务分析】

小明毕业前的这段学习生活是每个大学生都会经历的一个学习阶段，正确高效地使用因特网，从因特网获取需要的信息和资源、使用网络及时、快速地传输信息是大学生一项必不可少的技能。

【基本操作】

6.3.1　浏览网页

1. IE 浏览器启动和关闭

Windows 7 操作系统内置了 Internet Explorer 10（简称 IE10.0）版本的浏览器软件。

1）IE 的启动

方法一：双击桌面上 IE 快捷方式图标。

方法二：单击快速启动栏中的图标启动 IE。

方法三：单击开始/程序/Internet Explorer 命令。

2）IE 的关闭

方法一：单击窗口右上角按钮。

方法二：单击"文件"菜单中关闭命令。

方法三：Alt + F4 组合键。

3）IE 窗口

IE 浏览器窗口的组成如图 6 - 22 所示。

图 6 - 22　IE 浏览器窗口

常见按钮功能如下。

（1）单击 主页按钮，可以到达 IE 设置的主页页面。

（2）单击 刷新按钮，可以重新连接服务器，请求重传页面，一般网页显示较慢时，可以使用此按钮。

（3）单击 停止按钮，可以停止从服务器上下载请求的页面，一般网页显示长时间无响应时，可以使用本按钮。

（4）当在地址输入框中输入 URL 地址后，可以单击 转到 按钮开始访问。

（5）单击 后退 按钮，可以显示最近浏览过的页面，单击按钮旁的下拉箭头，可以列出最近看过的网页。

2. 设置 IE 浏览器

IE 浏览器有丰富的属性选项，用户可以根据自己的需要和使用习惯设置浏览器选项，单击菜单栏中工具/Internet 选项，如图 6 – 23 所示，打开 Internet 选项窗口。

1）常规

"常规"标签中，可以设置 IE 的常规属性，包括主页、Internet 临时文件、历史记录、字体等，如图 6 – 24 所示。

图 6 – 23　Internet 选项命令

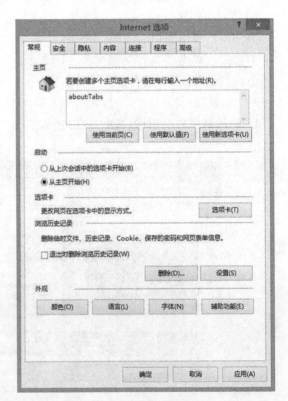

图 6 – 24　常规标签

（1）设置主页。

主页是每次启动浏览器时最先打开的页面，一般将访问最频繁的网站首页或者网址导航网站的首页设置为浏览器的主页。

主页的设置方法如下。

在打开的"常规"标签中主页栏的地址框中输入网站的 URL 地址，单击"确定"按钮，IE 浏览器的主页设置完毕，如图 6－25 所示。

图 6－25　设置主页

其他几个主页设置按钮功能如下。

单击 使用当前页(C) 按钮：可以将 IE 浏览器正在浏览的网页设置为主页。

单击 使用默认值(F) 按钮：可以将主页改变为 IE 初始设置的默认网页地址。

单击 使用新选项卡(U) 按钮：设置 IE 浏览器打开时，不显示任何页面，显示空白窗口。

（2）Internet 临时文件。

当我们浏览网页的时候，会有一些 Internet 的网页存储在计算机上的特定目录中，这样以后浏览的时候就会提高浏览的速度。但是时间长了之后，有些页面的内容就过时了，这些过时的内容大量存储在计算机上，占用空间，造成了不必要的浪费，而且有时还会使页面不能正常浏览。因此我们要养成良好的及时清理临时文件的习惯。

（3）历史记录。

历史记录部分可以规定网页在历史记录中保存的天数，超过这个天数的历史记录就会自动清除。默认情况下为保存 20 天的历史记录。这样当我们按下快捷菜单条中的历史按钮时就可以看到近 20 天内访问过的网址，这个天数可以根据需要自行设定。

2）安全

IE 主要使用"Internet 选项"中的"安全"选项卡来设置访问 Internet 的安全屏障，此外在"隐私""内容""高级"等选项卡上也有一些与安全设置有关的项目，如图 6－26 所示。

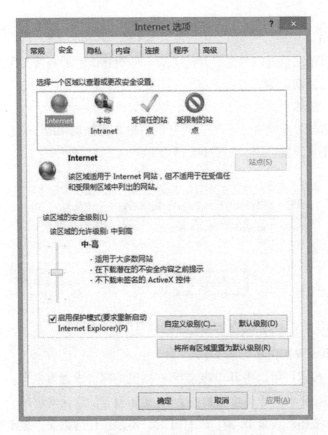

图 6-26　"安全"标签

IE 是将 Internet 按区域来划分网站安全级别的。IE 能够将访问的网站分配到具有适当安全级别的区域，区域有四种："Internet"区域、"本地 Intranet"区域、"受信任的站点"区域、"受限制的站点"区域。用户选定一个区域后，便可为该区域指定安全级别，然后将 Web 站点添加到具有所需安全级别的区域中。

浏览网页时 IE 在状态栏的右侧显示当前网页处于哪个区域，IE 无论何时打开或下载 Internet 上的内容，都将检查该网站所在区域的安全设置。

3）隐私

隐私标签中的设置与 cookie 有关，使用 cookie，可以为用户提供 Web 站点的定制信息。一个 cookie 是一个数据元素，由 Web 站点将其发送到用户的浏览器中，也可以随之被浏览器存储在系统内。当用户再次访问该站点时，cookies 技术可以帮助网站识别到"老"用户，从而能够更好地为用户服务。

网站可以利用 cookies 技术跟踪统计用户访问该网站的习惯，比如什么时间访问，访问了哪些页面，在每个网页的停留时间等。利用这些信息，一方面是可以为用户提供个性化的服务，另一方面，也可以作为了解所有用户行为的工具，对于网站经营策略的改进有一定参考价值。但另一方面，网站也可以利用 cookies 侵犯用户的隐私。

IE 浏览器用户可以通过"隐私"标签中的隐私设置的高低来决定是否允许网站利用

cookie 跟踪自己的信息，从全部限制到全部允许，或者限制部分网站，也可以通过手动方式对具体的网站设置允许或者禁止使用 cookie 进行编辑。IE 浏览器的默认设置是"中级"来对部分网站利用 cookie 有限制，如图 6 - 27 所示。

4）内容

"内容"标签中包含"分级审查""证书"和"个人信息"三项内容，如图 6 - 28 所示。

图 6 - 27　"隐私"标签

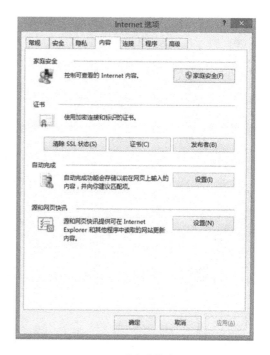

6 - 28　"内容"标签

（1）分级审查。可控制从因特网上浏览的内容，以防止阅览不合适的内容。

（2）证书。用于确认用户个人、访问网站的身份的技术。多用于安全加密访问时使用。

（3）个人信息。用户管理和记录用户通过 IE 浏览器访问网站时，输入到网站登录表单里的用户名、密码等信息。

5）连接

当计算机同时有多种 Internet 接入方式，比如同时可以 ADSL 拨号连接或者可以通过局域网访问因特网，或者一台计算机有多块网卡可以访问因特网，都可以通过"连接"标签设置网络连接。

6）程序

在"程序"标签下可以对邮件、新闻、会议、日历、联系人列表等程序进行设置，前提是计算机中安装了可以支持这些程序的软件，否则程序后的下拉列表选项框将是空的。

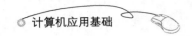

如果你的机器中安装了一个以上的浏览器，并且想将 IE 设为默认的浏览器，可以单击"将 Internet Explorer 设置为默认的浏览器"，如图 6-29 所示。

7）高级

"高级"标签中的设置由许多复选框组成，用以指定浏览器的多项细致的设置，内容包括安全、多媒体、打印等。对于大部分用户来说，所有复选框可采用默认设置，如图 6-30 所示。

图 6-29 "程序"标签　　　　　　　　6-30 高级标签

3. 使用浏览器

1）输入地址

在 IE 浏览器的 [地址(D) about:blank] 地址栏输入框中，输入网站（网页）的 URL 地址，然后单击回车键，浏览器窗口会显示网站的网页。

图 6-31 地址栏记忆的 URL 地址

IE11.0 的地址栏输入框中具有自动记忆功能，对用户输入过的 URL 地址，会自动记忆下来，当用户再次输入时，只需输入前几个字符，浏览器就会把记忆里符合条件的地址都显示出来供用户选择，这样的功能可以减少输入的字符量，节省输入时间，如图 6-31 所示。在地址栏中输入 www.whvcse.edu.cn。

2）浏览网页

IE 浏览器打开网站的首页，如图 6-32 所示。

图 6-32 浏览网页

网页中有一些文字和图片，当把鼠标指到上面，鼠标指针会变成🖐手型时，表明这个是一个超链接对象，同时状态栏也有这个链接的网页地址信息。单击超链接可以打开其指向的页面。

新网页有两种打开方式，一种是新打开一个页面窗口，原先的网页还在 IE 的窗口中；另外一种打开方式是在有超链接的窗口中打开新网页，原先的窗口即被新网页替换。

3）保存网页

浏览网页的过程中，如果需要保存某些网页，操作步骤如下。

（1）单击菜单栏中"文件/另存为"命令，弹出"保存网页"对话框，如图 6-33 所示。

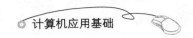

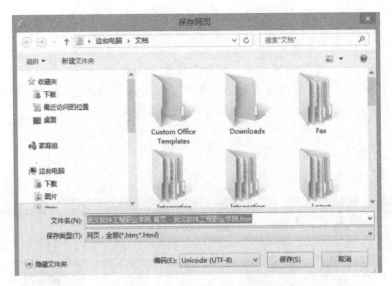

图 6 - 33　"保存网页"对话框

（2）在文件名输入框中输入文件名，在保存类型选择框中选择文件扩展名。

几种保存类型的区别如下。

① 以 htm 和 html 文件类型保存后，与保存文件相同路径位置会有一个与 htm 文件相同名字的文件夹，里面有网页的图片、样式等一些文件。浏览保存的网页时和看原网页一样，将文件和同名字的文件夹同时复制到别的地方，可以正常浏览。

② 以 mht 文件类型保存后，保存的网页是把文字和图片还有样式都保存下来的单一文件。但网页中的有些图片等元素只是一个定向，想要看到完整效果还需要连网才能浏览完整。

③ 仅 HTML，保存时仅保存 htm 或 html 静态页面，可以看到基本的框架，文本等，但是图片，Flash 等信息均看不到。

④ txt 文件类型，将网页中的文本信息保存成 txt 文本，图片和样式文件不保存。

保存方式应根据需要选择，如果需要里面的图片并且想要不联网也可以看，可以选择保存为 htm 和 html 文件类型，但会多出一个保存图片的文件夹；如果可以联网而只想要保存一个简要的单一文件，可以保存为 mht 文件；如果只需要网页中的文本，可以根据实际需要选择保存为仅 html 或者 txt 文件类型。

4）保存网页中的图片

某些时候，不需要保存整个网页内容，只想保存网页中的图片，具体的操作步骤如下。

（1）鼠标移动到图片位置处。

（2）单击鼠标右键。

（3）选择右键菜单中"图片另存为"命令，如图 6 - 34 所示。

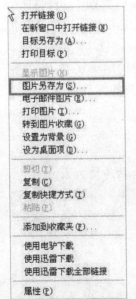

6 - 34　图片另存为命令

（4）在"保存图片"对话框中，选择保存的路径和文件名。

（5）单击"保存"按钮。

5）使用收藏夹

在网上冲浪时，可以将常用的或者喜爱的网站地址使用收藏夹保存起来，方便以后使用。

（1）添加到收藏夹。

将网站地址添加到收藏夹的步骤如下。

①在 IE 地址栏里输入 http：//www.whvcse.edu.cn 网站地址，回车，显示网站主页。

②单击菜单栏"收藏夹"中"添加到收藏夹"命令，如图 6-35 所示；弹出"添加收藏"对话框，如图 6-36 所示。单击 添加(A) 按钮，可将当前网页收藏到收藏夹中。

图 6-35 "添加到收藏夹"命令

图 6-36 "添加收藏"对话框

③单击图 6-36 中 新建文件夹(E) 按钮，可在收藏夹中创建文件夹来收藏网页。在"创建文件夹"对话框"文件夹"中输入"学校"，如图 6-37 所示。

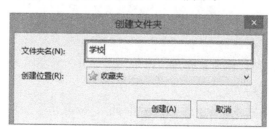

图 6-37 在收藏夹中创建文件夹

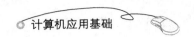

④单击 创建(A) 按钮，在收藏夹中就新建了一个名为"学校"的文件夹。

（2）整理收藏夹。

①单击菜单栏"收藏夹"中的"整理收藏夹"命令，如图6-38所示。

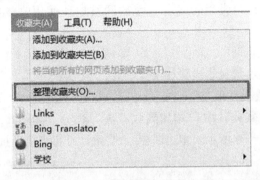

图6-38　"整理收藏夹"命令

②在"整理收藏夹"窗口中，可以对收藏夹中的网页和文件夹进行移动、重命名、删除等操作，如图6-39所示。

图6-39　"整理收藏夹"窗口

4. 使用 IE 浏览器传输文件

IE 浏览器支持 http 协议的文件传输。

HTTP 协议下载步骤如下。

（1）在 IE 地址栏里输入：http：//www.flashget.com/cn/，回车，如图6-40所示。

图 6-40　http 下载页面

（2）单击页面中"免费下载最新版本"按钮。

（3）在弹出的"文件下载"对话框中，单击 保存(S) 按钮，如图 6-41 所示。

图 6-41　文件下载对话框

单击 运行(R) 按钮，可以在完成下载任务后，直接运行程序。

单击 保存(S) ▼ 按钮，默认会下载到"C:\Users\用户名\下载"文件夹中，选择保存按钮中的另存为命令，可以将文件下载到指定的路径。

> **说明**
>
> 　　使用 IE 浏览器从网络上下载文件是较为常见的应用，但是使用 IE 浏览器下载文件时，如果碰到传输中断等情况时，必须得重新下载，用户使用起来会有不便。我们可以使用 CuteFtp、Flashget 这样支持断点续传的软件下载更为方便。

6.3.2　信息搜索

1. 认识搜索引擎

搜索引擎是指互联网上专门提供查询服务的网站。这些网站通过复杂的网络搜索系统，将互联网上大量网站的页面收集到一起，经过分类处理并保存起来，从而能够对用户提出的各种查询做出响应，提供用户所需的信息。

常见的搜索引擎有百度（www.baidu.com）、谷歌（www.google.com）。

2. 使用搜索引擎

具体操作步骤如下。

（1）在 IE 地址栏中，输入 http：//www.baidu.com，回车，打开百度网站的首页；在搜索框中输入搜索信息的关键词"计算机等级考试"文字，如图 6－42 所示。

图 6－42　百度网页

百度的首页中，搜索框下方，有一个搜索内容的导航栏，如图 6－43 所示。

| 网页 | 新闻 | 贴吧 | 知道 | 音乐 | 图片 | 视频 | 地图 | 文库 | 更多» |

图 6－43　百度导航栏

导航栏中有"知道""音乐""图片""视频"等。用户可以根据自己需要信息的种类，单击各标签，在相应的标签中搜索内容，提高搜索效率。

> **技巧　搜索框提示**
>
> 当输入搜索关键词时，百度会根据输入的内容，在搜索框下方实时展示最符合的提示词。用户只需用鼠标单击想要的提示词，或者用键盘上下键选择想要的提示词并按回车，就会返回该词的查询结果，不必再费力地敲打键盘即可轻松地完成查询。例如，在输入"计算机等级考试"时，搜索框里有"计算机等级考试时间""计算机等级考试成绩查询""计算机等级考试报名时间"等提示。

（2）单击 [百度一下] 按钮，显示搜索结果页面，如图 6－44 所示。

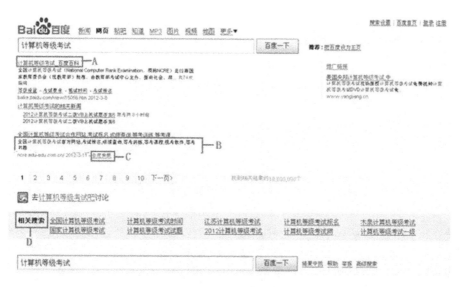

图6-44　搜索结果

图中字母代表内容如下。

A：搜索结果标题。标题都有超链接，单击标题可以打开搜索结果页面。

B：搜索结果摘要。通过摘要，您可以判断这个结果是否满足您的需要。

C：百度快照。"快照"是该网页在百度的备份，如果原网页打不开或者打开速度慢，可以查看快照浏览页面内容。百度快照只会临时缓存网页的文本内容，所以那些图片、音乐等非文本信息，仍存储于原网页。

D：相关搜索。"相关搜索"是其他有相似需求的用户的搜索方式，按搜索热门度排序。如果搜索结果的效果不佳，可以参考这些相关搜索。

技巧　**高级搜索**

在百度搜索首页"设置"菜单有"高级搜索"命令，使用该方法，可以更加精确的搜索信息。

1. 把搜索范围限定在网页标题中——intitle

网页标题通常是对网页内容提纲挈领式的归纳。把查询内容范围限定在网页标题中，有时能获得良好的效果。使用的方式是把查询内容中特别关键的部分使用"intitle："关键字。例如，要找计算机硬件中标题为CPU的网页，可以这样查询：

计算机硬件 intitle：CPU。关键词"intitle："后面不要有空格。

2. 把搜索范围限定在特定站点中——site

如果知道某个站点中有自己需要找的东西，就可以把搜索范围限定在这个站点中，提高查询效率。使用的方式是在查询内容的后面，加上"site：站点域名"。例如，想在天空网网站下载 Winrar 这个软件，可以这样查询：winrar site：skycn. com。注意，"site："后面跟的站点域名，不要带"http：//"，另外，"site："和站点名之间，不要带空格。

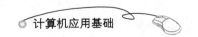

3. 精确匹配——双引号和书名号

如果输入的查询词很长，百度在经过分析后，给出的搜索结果中的查询词，可能是拆分的。如果您对这种情况不满意，可以尝试让百度不拆分查询词。给查询词加上双引号，就可以达到这种效果。例如，搜索：武汉软件工程，如果不加双引号，搜索结果被拆分，效果不是很好，但加上双引号"武汉软件工程"，获得的结果就全是符合要求的了。

书名号是百度独有的一个特殊查询语法。在其他搜索引擎中，书名号会被忽略，而在百度，中文书名号是可被查询的。加上书名号的查询词，有两层特殊功能，一是书名号会出现在搜索结果中；二是被书名号扩起来的内容，不会被拆分。书名号在某些情况下特别有效果，例如，查名字很通俗和常用的那些电影或者小说。比如，查电影《手机》，如果不加书名号，很多情况下出来的大多是通讯工具的手机信息，而加上书名号后，结果就都是关于电影的了。

4. 要求搜索结果中不含特定查询词

如果发现搜索结果中有某一类网页是不希望看见的，而且这些网页都包含特定的关键词，那么用减号语法，就可以去除所有这些含有特定关键词的网页。例如，搜神雕侠侣，希望是关于武侠小说方面的内容，却发现很多关于电视剧方面的网页。那么就可以这样查询：神雕侠侣 -电视剧。注意，前一个关键词，和减号之间必须有空格，否则，减号会被当成连字符处理，而失去减号语法功能。减号和后一个关键词之间，有无空格均可。

5. 专业文档搜索

很多有价值的资料，在互联网上并非是普通的网页，而是以 doc、ppt、pdf 等格式存在。百度支持对 Office 文档（包括 Word、Excel、PowerPoint）、Adobe PDF 文档、RTF 文档进行了全文搜索。要搜索这类文档，在普通的查询词后面，加一个"filetype:"文档类型限定，后可以跟以下文件格式：doc、xls、ppt、pdf、rtf、all。其中，all 表示搜索所有这些文件类型。也可以通过百度文档搜索界面（http://file.baidu.com/），直接使用专业文档搜索功能。

6.3.3 邮件收发

电子邮件是因特网使用最广泛的应用之一。电子邮件的使用需要邮件服务器的支持，各大邮件服务提供商都有自己的邮件服务器。目前，很多服务商都可以免费地提供电子邮件服务。电子邮件和邮局寄送邮件一样，也需要寄送地址，电子邮箱就是运营商给用户提供的邮件地址，格式为：

用户名@域名

提供邮箱服务的运营商都有自己的域名，如网易的有 163.com、126.com、188.com；

新浪的是 sina. com；搜狐的是 sohu. com。用户名需要用户到运营商的注册页面上注册获得，如图 6 - 45 所示。

图 6 - 45　注册邮箱

电子邮件使用存储转发的原理，可以实现非实时非交互的通信。发信方将写好的电子邮件通过自己的邮件服务器发送到收信者的邮件服务器里，存储在收信者的邮箱里，整个发送过程中，收信方可以不在线，收信方可以在任何时间任何地点，登录到自己的邮箱接受和查阅自己的邮件了。

电子邮件的收发可以使用 IE 浏览器通过 Web 网页的方式完成，如图 6 - 46 所示。一封电子邮件由发信人地址、收件人地址、主题、正文内容等组成。

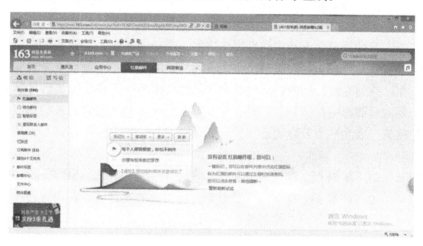

图 6 - 46　网页收发电子邮件

如果一个用户有多个邮箱地址，经常收发电子邮件时，使用电子邮件客户端软件将会更加方便快捷。目前电子邮件客户端软件很多，如 Foxmail、Outlook 系列产品都是常用的收发电子邮件客户端软件。

拓展阅读

1. 云概念

1）云计算

云计算是以公开的标准和服务为基础，以互联网为中心，提供安全、快速、便捷的数据存储和网络计算服务的一种技术。云计算是一种基于因特网的超级计算模式。云是在远程的数据中心，几万甚至几千万台电脑和服务器连接成一片的系统。云计算可以提供巨大的运算能力，强大的运算能力几乎无所不能。用户通过电脑、笔记本、手机等方式接入数据中心，按各自的需求进行存储和运算。

云计算实质上是通过互联网访问应用和服务，而这些应用或者服务通常不是运行在自己的服务器上，而是在互联网上的数据中心里。云计算的目标是把一切都拿到网络上，云就是网络，网络就是计算机。

云计算机技术的特点是方便、安全可靠、能节约大量人力物力，主要体现在以下几个方面。

（1）方便快捷的云服务。云计算模式下一切皆服务，用户基本上不再拥有使用信息技术所需的基础设施，而仅仅是租用并访问云服务供应商所提供的服务。

（2）安全可靠的数据存储。云计算提供了可靠的数据存储中心，数据可以自动同步传递，并可通过 Web 在所有的设备上使用，避免了用户将数据存放在个人电脑上而出现的数据丢失或感染病毒等问题。

（3）云计算能力能节约大量人力物力。用户不需要购置大量的软、硬件资源，也不需要找专业人员维护和补充这些资源。用户只需要终端设备、一台显示器、一套鼠标键盘、一根网线就可以做任何事。

2）云存储

云存储是在云计算概念上延伸和发展出来的一个新的概念，是指通过集群应用、网格技术或分布式文件系统等功能，将网络中大量各种不同类型的存储设备通过应用软件集合起来协同工作，共同对外提供数据存储和业务访问功能的一个系统。当云计算系统运算和处理的核心是大量数据的存储和管理时，云计算系统中就需要配置大量的存储设备，那么云计算系统就转变成为一个云存储系统，所以云存储是一个以数据存储和管理为核心的云计算系统。

就如同云状的广域网和互联网一样，云存储对使用者来讲，不是指某一个具体的设备，而是指一个由许许多多个存储设备和服务器所构成的集合体。使用者使用云存储，并不是使用某一个存储设备，而是使用整个云存储系统带来的一种数据访问服务。所以严格来讲，云存储不是存储，而是一种服务。

3）云安全

云安全是我国企业创造的概念，在国际云计算领域独树一帜。云安全通过网络中的大量客户端对网络中计算机中的安全行为进行异常监测，获取互联网中木马、恶意程序的最新信息，推送到 Server 端进行自动分析和处理，再把病毒和木马的解决方案分发到每一个客户端。

现在的杀毒软件无法有效地处理日益增多的恶意程序。来自互联网的主要威胁正在由电脑病毒转向恶意程序及木马，在这样的情况下，采用的特征库判别法显然已经过时。云安全技术应用后，识别和查杀病毒不再仅仅依靠本地硬盘中的病毒库，而是依靠庞大的网络服务，实时进行采集、分析以及处理。整个互联网就是一个巨大的"杀毒软件"，参与者越多，每个参与者就越安全，整个互联网就会更安全。

云安全的策略构想是：使用者越多，每个使用者就越安全，因为如此庞大的用户群，足以覆盖互联网的每个角落，只要某个网站被挂马或某个新木马病毒出现，就会立刻被截获。

2. 物联网

物联网简单来说，就是物体和物体连接起来的互联网络，是一种互联网的应用扩展。物联网通过射频识别（RFID）、红外感应器、全球定位系统、激光扫描器等信息传感设备，按约定的协议，把物品与互联网相连接，进行信息交换和通信，以实现对物品的智能化识别、定位、跟踪、监控和管理的一种技术，物品与物品之间可以进行信息交换和通信。物联网可以广泛应用在物体的智能标签、智能控制和环境监控、对象跟踪等场合。

物联网把新一代 IT 技术充分运用在各行各业之中，具体地说，就是把感应器嵌入和装备到电网、铁路、桥梁、隧道、公路、建筑、供水系统、大坝、油气管道等各种物体中，然后将"物联网"与现有的互联网整合起来，实现人类社会与物理系统的整合，在这个整合的网络当中，存在能力超级强大的中心计算机群，能够对整合网络内的人员、机器、设备和基础设施实施实时管理和控制，在此基础上，人类可以以更加精细和动态的方式管理生产和生活，达到"智慧"状态，提高资源利用率和生产力水平，改善人与自然的关系。

3. 网络礼仪

在现实生活中，人与人之间的社交活动有不少约定俗成的礼仪，在互联网虚拟世界中，也同样有一套不成文的规定及礼仪，即网络礼仪，供互联网使用者遵守。常见的基本礼仪如下。

1）礼节一：记住别人的存在

互联网聚集了世界各地的用户，这是网络技术的功劳，但往往也使得我们使用鼠标和键盘，面对着电脑荧屏忘了我们是在跟其他人打交道，我们的行为也因此容易变得更粗劣和无礼。因此网络礼节第一条就是"记住人的存在"，你当着面不会说的话在网上也不要说。

2）礼节二：网上网下行为一致

在现实生活中大多数人都是遵纪守法，同样地在网上也同样如此。网上的道德和法律与现实生活是相同的，不要以为在网络的虚拟就可以降低道德标准。

3）礼节三：入乡随俗

同样是网站，不同的论坛有不同的规则。在一个论坛可以做的事情在另一个论坛可能不易做。比方说在聊天室打哈哈发布传言和在一个新闻论坛散布传言是不同的。最好的建议：先爬一会儿墙头再发言，这样你可以知道论坛的气氛和可以接受的行为。

4）礼节四：尊重别人的时间和带宽

在提问题以前，先自己花些时间去搜索和研究。很有可能同样问题以前已经问过多次，现成的答案随手可及。不要以自我为中心，别人为你寻找答案需要消耗时间和资源。

5）礼节五：给自己网上留个好印象

因为网络的匿名性质，别人无法从你的外观来判断，因此你的一言一语都成为别人对你印象的唯一判断。如果你对某个方面不是很熟悉，找几本书看看再开口，无的放矢只能落个灌水王帽子。同样地，发帖以前仔细检查语法和用词，不要故意挑衅和使用脏话。

6）礼节六：分享你的知识

除了回答问题以外，这还包括当你提了一个有意思的问题而得到很多回答，特别是通过电子邮件得到的以后你应该写份总结与大家分享。

7）礼节七：平心静气地争论

争论与大战是正常的现象。要以理服人，不要人身攻击。

8）礼节八：尊重他人的隐私

别人与你用电子邮件或私聊的记录应该是隐私一部分。如果你认识某个人用网名上网，在论坛未经同意将他的真名公开也不是一个好的行为。如果不小心看到别人打开电脑上的电子邮件或秘密，也不应该到处广播。

9）礼节九：不要滥用权利

管理员和版主比其他用户有更多权利，应该珍惜使用这些权利，游戏室内的高手应该对新手手下留情。

10）礼节十：宽容

我们都曾经是新手，都会有犯错误的时候。当看到别人写错字，用错词，问一个低级问题或者写篇没必要的长篇大论时，不要太在意。

4. 网络法规

为保障互联网的运行安全和信息安全，国家相关部门陆续出台了多项法律法规，规范互联网的运行，保护个人、法人和其他组织的合法权益，维护国家安全和社会公共利益，促进我国互联网的健康发展，有以下一些文件。

《信息网络传播权保护条例》，中华人民共和国国务院令第468号，2006年7月1日起施行；

《互联网著作权行政保护办法》，国家版权局、中华人民共和国信息产业部，2005年5月30日起施行；

《非经营性互联网信息服务备案管理办法》，中华人民共和国信息产业部令第33号，自2005年3月20日起施行；

《计算机信息系统网络国际联网保密管理规定》，国家保密局，2000年1月1日起施行；

《计算机信息网络国际联网安全保护管理办法》，1997年12月11日国务院批准，1997年12月30日公安部发布旅行；

《维护互联网安全的决定》，第九届全国人民代表大会常务委员会第十九次会议通过，2000年12月28日；

《中国互联网络域名管理办法》，中华人民共和国信息产业部令第30号，2004年12月20日起施行；

《互联网IP地址备案管理办法》，中华人民共和国信息产业部令第34号，2005年3月20日起施行；

《电子认证服务管理办法》，中华人民共和国工业和信息化部第1号，2009年3月31日起施行。

课后练习

一、选择题

1. 将数字信号转换成模拟信号的过程为_____。

　　A. 转换　　　　　　B. 解调　　　　　　C. 调制　　　　　　D. 传输

2. 不属于 TCP/IP 参考模型中的层次是_____。

　　A. 应用层　　　　　B. 传输层　　　　　C. 互联层　　　　　D. 会话层

3. 下列各项中，不能作为 IP 地址的是_____。

　　A. 15. 21. 102. 1　　　　　　　　　　B. 202. 206. 107. 221

　　C. 222. 234. 258. 246　　　　　　　　D. 152. 0. 0. 1

4. 实现局域网与广域网互连的主要设备是_____。

　　A. 交换机　　　　　B. 路由器　　　　　C. 网桥　　　　　　D. 集线器

5. 下列各项中可以作为域名的是_____。

　　A. www. com. whvcse　　　　　　　B. office. whvcse. com

　　C. www, whvcse. com　　　　　　　D. whvcse

6. 下列各项中，正确的 URL 是_____。

　　A. http：//www. whvcse. com/news/file. htm

　　B. http：\\ www. whvcse. com \ news \ file. htm

　　C. http：//www. whvcse. com/news \ file. htm

　　D. http：//www. whvcse. com/news/file. htm

7. 网络中将域名转换成 IP 地址或者将 IP 地址转变为域名的服务是_____服务。

　　A. WWW　　　　　B. SMTP　　　　　C. DNS　　　　　　D. FTP

8. IE 浏览器收藏夹的作用是_____。

　　A. 保存感兴趣的网页内容　　　　　B. 保存感兴趣的文件名

　　C. 收集感兴趣的网页地址　　　　　D. 收集感兴趣的网页内容

9. 关于电子邮件，下列说法中错误的是_____。

　　A. 发件人必须要有自己的邮箱地址

　　B. 发件人必须知道收件人的邮箱地址

　　C. 发件人必须知道收件人的邮政编码

　　D. Outlook Express 可以管理联系人信息

10. 关于 FTP 下载文件，下列说法中错误的是_____。

　　A. FTP 是文件传输协议

　　B. 登录 FTP 不需要用户名和密码

　　C. 可以使用客户端软件登录 FTP 服务器下载文件

　　D. FTP 服务器使用客户/服务器模式

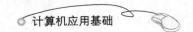

11. 无线网络相对于有线网络来说，优点有_____。

    A. 传输速度更快，误码率更低   B. 设备费用更低廉

    C. 组网简单，维护方便   D. 网络安全性好，可靠性高

二、操作题

1. 在桌面上新建一个名为"网页"的文件夹，将搜狐网新闻频道的主页（http：//news. sohu. com）保存到"网页"的文件夹中。

2. 在 IE 浏览器的收藏夹中，新建一个名为"新闻"的文件夹，将搜狐网新闻频道的主页地址保存到浏览器收藏夹的"新闻"文件夹中。

3. 在网络上搜索计算机应用基础学习方法的资料，将搜索到的资料保存到名为"学习方法 . doc"的文档中。

4. 使用 Outlook Express 给班上的学习委员发送主题为"我的学习方法"的电子邮件，将"学习方法 . doc"作为附件，同时抄送给班长一份。

参考文献

［1］巩政，王琳琳. 大学计算机基础［M］. 北京：高等教育出版社，2016.

［2］甘勇，尚展垒，贺蕾. 大学计算机基础［M］. 北京：人民邮电出版社，2017.

［3］李姝博，王闻. Office 2010 办公软件实用教程［M］. 北京：清华大学出版社，2017.

［4］雷建军，万润泽. 大学计算机基础（Windows 7 + Office 2010）［M］. 北京：科学出版社，2014.